蚁君

植物景观手绘教程

AN ISLA PLANT LANDSCAPE FREEHAND DRAWING TUTORIAL

王 洋　李明洁　著

清华大学出版社

北京

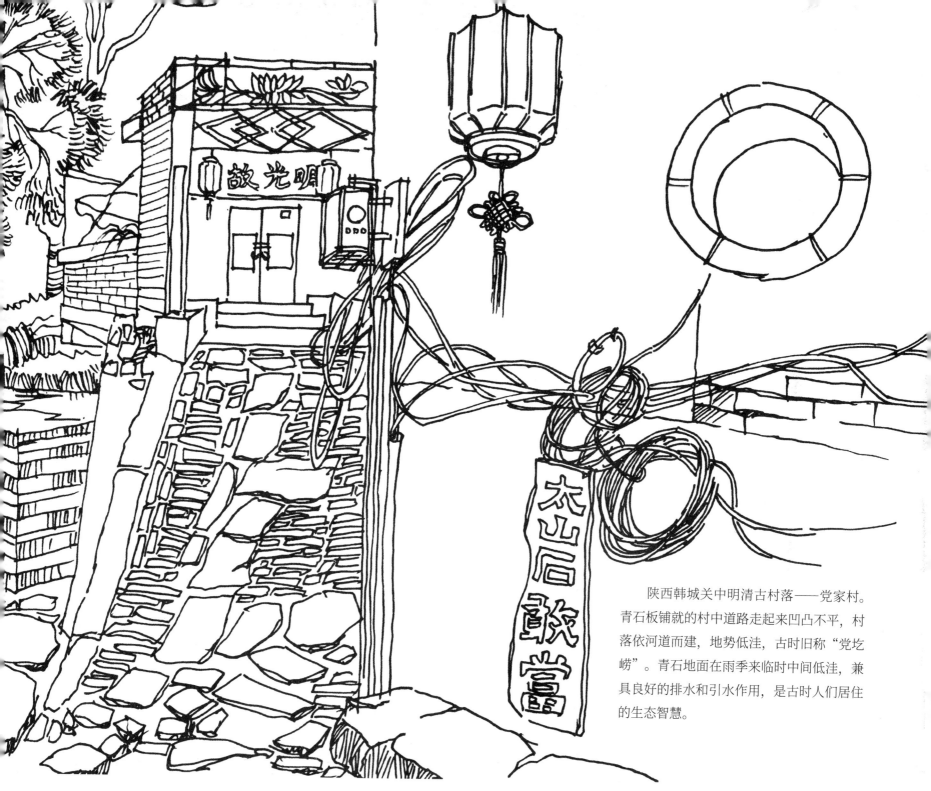

陕西韩城关中明清古村落——党家村。青石板铺就的村中道路走起来凹凸不平，村落依河道而建，地势低洼，古时旧称"党圪崂"。青石地面在雨季来临时中间低洼，兼具良好的排水和引水作用，是古时人们居住的生态智慧。

序
PREFACE

学之有道——有感于植物景观手绘教程

我在多年来的教学生涯中见证了很多年轻艺术家的成长。李明洁、王洋属于离开学校并不很久的一批。今天看到他们已经成形的书稿，的确有一种满满的成就感。面对一幅幅画面，心底生出深深的感慨。

当前的时代，颠覆了很多东西。作为建筑设计、景观设计造型基础的绘画训练就是其中之一。计算机强大的图形功能，让很多从业者觉得学习绘画似乎已经没有太大的意义。但是，这种认识真的没有问题吗？在数十年的教学过程中，这个疑问一直伴随着我。最后，我坚持认为造型训练是专业学习不可或缺的。经过思考，我发现至少有这样几条理由支撑着我的固执。

第一，设计师的培养，首先是设计思维和审美的培养。建筑、园林景观的营造思维是造型思维而不是逻辑思维；培养造型思维的核心就是培养设计师的设计表现基础。而手绘训练恰好是造型训练最为便捷有效的方式。在手绘训练中，形象的捕捉、尺度的控制等表现方式被有机地结合到一起。通过训练，有效地提高设计师对形体结构、质地、空间的把控以及通过形象表达情感的能力。这是一种长期有效且终身受用的训练。

第二，设计本身具备造型特征。设计行为在某种程度上是一种造型行为。设计从构思到图纸表达乃至于工程实施都具有典型的造型艺术创作特点。设计的目标是空间的、实体的；服务的目标是人，触动的是人的情感；表达的差异是设计师风格即设计师个性。这些特点均需要设计师具备足够的造型创作能力和造型表现力。手绘作为便捷的造型表现形式更适合于设计思维过程的记录与形式的探讨。

第三，手绘也是训练人行为能力的一种方式。在手绘的过程中，人们使用线条面积素材来表达物体。在这个时候，人的手和脑是紧密联系在一起的，具有很强的能动性。人的行为能力，特别是表达能力，在这个时候得到了极大地发挥。因此，手绘的训练可以在表达造型的过程中训练人的全方位的能力。

　　"宝剑锋从磨砺出，梅花香自苦寒来。"坚持手绘会带给设计师多方面的收获。王洋、李明洁就是这样成长起来的。他们从学校学习到社会工作，从来都是手不离笔；虽然事务繁杂，但是从来不放弃绘画的练习和速写的习惯。从日常的小物件到建筑空间，从室内到景观；从花草树木到园林小品，都是他们练笔的题材。持之以恒的精神成就了他们卓越的手绘能力和设计能力。当我看到这本书上那成熟的线条和精美的画面时，我深深地感到，他们的努力最终取得了足够的回报。作为老师，我为他们感到骄傲。

　　从绘画学习来讲，掌握绘画技巧是基础。熟练掌握了绘画技巧和表达语言，才能把自己的艺术思维呈现给观者。清代的画家石涛曾经说过："夫画者，从于心也！"要做到心中有画，才能真正把自己对事物的理解表达出来。"心受万物，万物受天，天受道，道法自然！"注重观察和表达语言的提炼是学习手绘的重要策略。在这本教程里，作者把观察过程和表达方法完整地呈现给了大家。这样才是探及手绘精髓的触点，才能够真正地领略园林手绘的要旨。这是一本难得的适合广大读者进行手绘训练的宝贵教材。

　　植物的世界丰富多彩、变化万千。这本教程真正可以将你的视线引入生命的深处，将你引入植物景观之美的优美旋律之中。

　　学之有道。我郑重向各位从业设计师、景观、建筑等专业的莘莘学子以及手绘爱好者推荐此书，愿你们以此为梯，熟练运用设计手绘这种工具，从而登上设计事业的顶端！

西北农林科技大学　风景园林艺术学院

2020 年 4 月　于杨凌

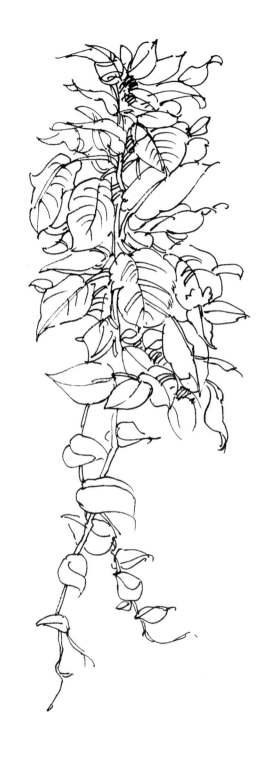

苏州艺圃写生

前言 FOREWORD

大家好，我是小蚁君。我是自媒体蚂蚁景观的联合创始人。我们蚂蚁景观是专门为景观人和园林爱好者创办的，既有有趣实用的园林干货，又有简单零基础的手绘教程。

我从 2016 年开始在网上连载手绘教程和视频。慢慢的我发现周围看过我视频的人都有意无意地拿起笔开始画画啦，这让我非常感动。所以这次我专门把我拿手的植物手绘集结成书，和各位同好们一起分享。如果你看完本书，能拿起笔，像玩儿一样地就能绘制出几种植物，本书的目的就达到了。

那么为什么要画植物呢？大家知道无论在景观手绘、室外钢笔手绘，还是建筑手绘中，植物都是不可或缺的一环。小到角落里坚韧的小草，大到雨林中的苍天古树，只要我们是在描绘这个美丽多彩的世界，那么植物都是你画面中最亮丽的部分。

我们大多数人说到画植物就犯怵，因为建筑你可以用严谨的透视来找，但植物可不是 box，一千种植物，就有一千种样子。叶片之间还有各种穿插、透叠关系。小蚁君不止一次看到过把植物画得像儿童画的。另外现在的培训机构多如牛毛，大多为了考学和快题通过率，教大家非常概念的植物画法，这对于考试可能无伤大雅，但对于手绘本身伤害非常大。这样的训练让你不再对大自然仔细地观察，画出来的树和花千篇一律，没有生气。

所以我想把这几年积累的植物手绘的画法，观察植物的方法以及每种植物画法的套路，系统地通过一本书介绍给大家，希望通过这本书，让你对植物手绘，对景观手绘有个更加深入的认识。

本书分为三部分。

第一部分是植物的基本画法，其中包括乔木、小乔木、灌木、地被、草等常见植物的基本画法，以及一些植物组团和植物综合配景元素的画法。

第二部分是小蚁君的百科植物宝典，包括水生植物、藤蔓植物、热带植物、沙生植物、室内植物五个类别。每个类别，小蚁君都会挑选 3~5 种植物做出步骤的示范和形象记忆拆解图，还配有综合场景的实例让大家学习。

第三部分是植物景观优秀案例与剖析，我会通过手绘的方式剖析一些植物主题景观，包括切尔西花展优秀园林，优秀设计师主题园林，以及原创的植物动漫主题手绘，用平立剖的方式让你对于植物和手绘有一个立体的认识。

小蚁君从事环艺专业教学工作多年，收入的作品均是我利用教学之余或者寒暑假进行写生和创作的作品。由于在教学第一线，小蚁君深知手绘和思考的重要性，所以希望通过我的思考把复杂的植物手绘最大限度地简化，让即便是零基础的人也可以动笔，让有基础的人可以得到帮助和提高。

因编写时间仓促，加上本人学识有限，不足之处还望见谅，也望读者多提宝贵意见。

小蚁君　小蚂哥
2019 年 11 月　于西安蚂蚁景观设计工作室

安徽黄山西递古宅院中一隅

韩城党家村明清古村落的巷道景色。由于雨季对于户外写生带来诸多不便，于是便在巷道口的门楼下避雨写生，运用中国绘画传统技法将原来狭窄的巷道透视横向拉长，大胆概括，注重前后对比疏密层次，用质朴拙钝的笔触来表现乡村景色的自然真切之意。

线条自身也带有情感，流畅的线条笔触带给人优雅舒畅之感，而拙朴的线条能体现出历史的
沧桑变化，在场景写生时运用不同的线条笔触反复对比，体现景物的质感和丰富的层次变化。

植物手绘的意义

植物是这个世界上形态最丰富的、造型最复杂的生物群。对于景观设计的小伙伴们来说，植物是我们塑造空间、改善环境的神器，而手绘则是思维最直接、最感性的表达。可以说，任何一张景观效果图、手绘图中的植物都超过 50% 的画面面积。植物手绘对于景观设计的意义不言而喻。

这本书把植物根据使用频率和种类，分成了植物的基础画法、置石组景、水生植物、藤蔓植物、热带植物、室内植物以及主题手绘几个类别，让你在面对各种需要丰富的植物手绘的情况下都能得心应手。

要有一双透视眼

植物形态多变，不同植物的花、叶、干、茎各不相同，再加上叶片之间的穿插、遮挡、扭曲变形，一时让人看得无从下手，不知道从哪里开始。这时我们需要的是：

一双透视眼，透过植物的表面，看它的基础形态和结构，分析简化是关键。想画好植物，一定先要会用几根简单的线条概括。

虎皮兰

九里香

绿萝

米兰

心叶球兰

龟背竹　　袖珍椰子　　　　　　　　小木槿

适合人群

零基础： 建议从步骤开始临摹，积累每种植物的画法及应用。

初学者： 临摹书中的手绘图，结合植物分解步骤把握每种植物的实际应用。

有经验的设计师： 增加自己植物手绘的技能储备，参考小蚁君的某些表现方法。

如何使用本书

这本书的精髓是拆解，看到任何场景或者图片我们都要学着把它拆解成四个部分：

1. 构成画面骨架的乔木。

2. 和乔木配合、丰富层次的灌木。

3. 前景的置石组景。

4. 背景的树丛。

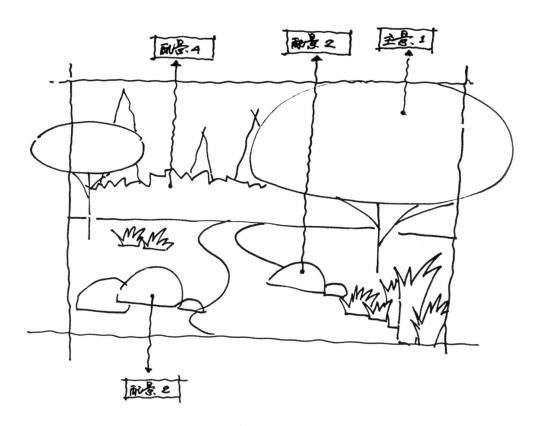

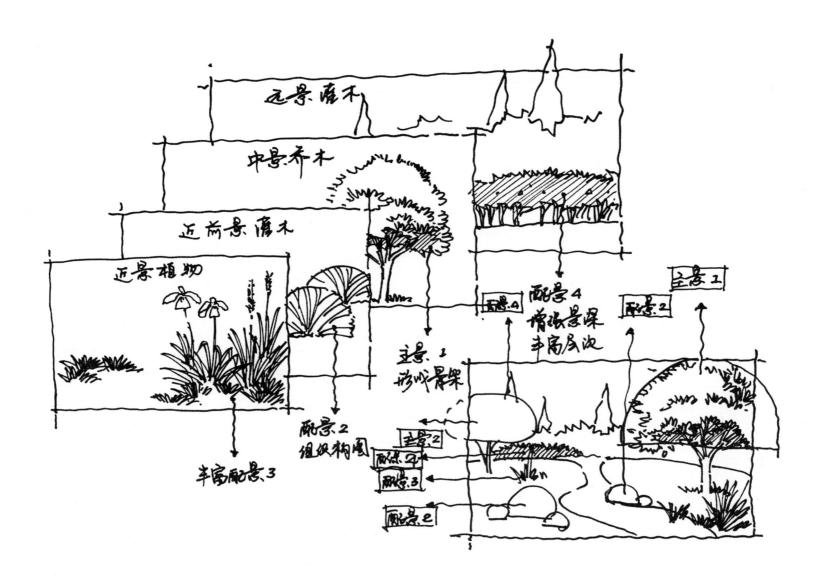

近景植物

远景灌木

中景乔木

近前景灌木

主景 1
形成景架

配景 2
组织构图

丰富配景 3

配景 4

配景 4
增添景深
丰富层次

主景 2

配景 2

配景 1

主景 1

主景 2

配景 2

配景 3

配景 1

手绘练线利器

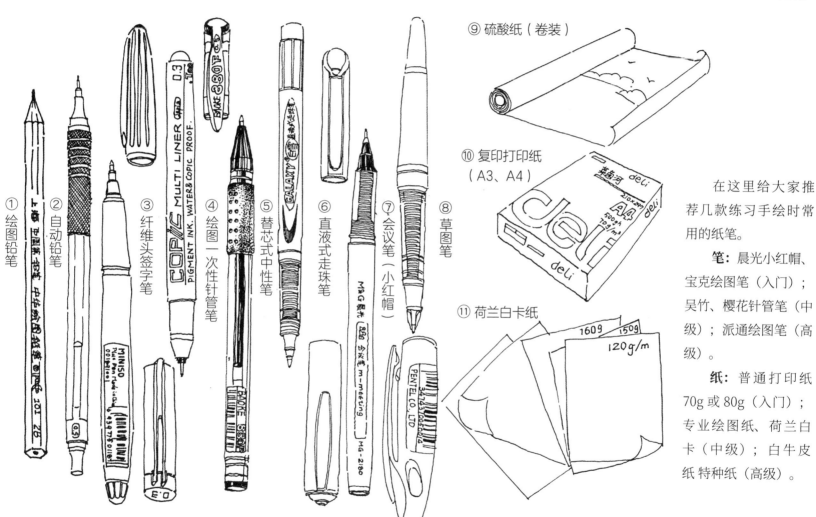

① 绘图铅笔
② 自动铅笔
③ 纤维头签字笔
④ 绘图一次性针管笔
⑤ 替芯式中性笔
⑥ 直液式走珠笔
⑦ 会议笔（小红帽）
⑧ 草图笔
⑨ 硫酸纸（卷装）
⑩ 复印打印纸（A3、A4）
⑪ 荷兰白卡纸

在这里给大家推荐几款练习手绘时常用的纸笔。

笔： 晨光小红帽、宝克绘图笔（入门）；吴竹、樱花针管笔（中级）；派通绘图笔（高级）。

纸： 普通打印纸70g或80g（入门）；专业绘图纸、荷兰白卡（中级）；白牛皮纸特种纸（高级）。

目录 CONTENTS

Chapter 1
植物基本画法篇　　001

Chapter 2
置石组景篇　　043

Chapter 3
水生植物篇　　080

Chapter 4
藤蔓植物篇　　099

Chapter 5
热带植物篇　　113

Chapter 6
室内植物篇　　137

Chapter 7
主题手绘篇　　153

Appendix
附录　　199

QR Code Index
二维码索引　　202

Epilogue
后记　　203

Chapter 1

植物基本画法篇

　　树，作为景观手绘中最基本的元素，占据着景观手绘的绝对统治地位。但树的造型不像建筑，有清楚的透视线和结构线。这就让很多没有学过艺术的小伙伴犯了难。其实树并没有那么难画，我们只要把握树枝、树冠的基本特征，再用"M"线加以概括，就可以得到不错的效果。

我们来看一幅小蚁君针对风景园林考研的同学做的效果图示范，你会发现除了圆形的水池雕塑和远处的大台阶，画面上其余的部分都是植物，可以说在景观手绘中任何时候，植物在画面中都占有绝对的比重。

　　我们再来看一个例子。这是小蚁君做的儿童活动区的示范，我们仔细观察就会发现图中所有的树都具有装饰性，目的当然是突出画面中心的活动区啦。

树的基本结构

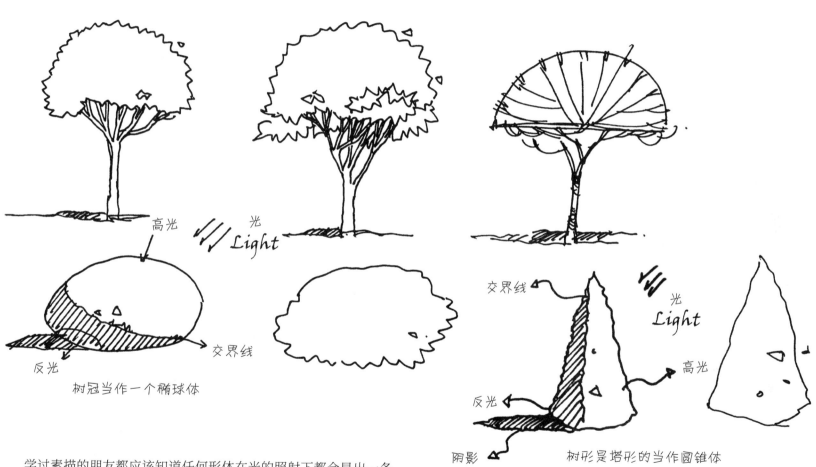

高光

光 Light

交界线

反光

树冠当作一个椭球体

交界线

光 Light

反光

高光

阴影

树形是塔形的当作圆锥体

　　学过素描的朋友都应该知道任何形体在光的照射下都会显出一条明暗交界线。但这在景观手绘当中不用刻意表现出来，但要时刻记住树冠是立体的。

　　我们下面就来学习几种基本树的画法。

基本树形绕线

① 先画一个椭圆形

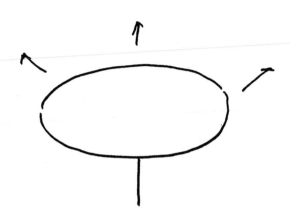

② 注意绕线的时候"M"线的锯齿由中心发散

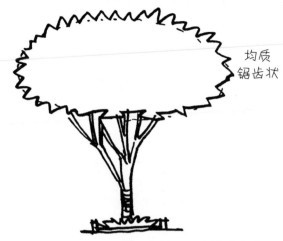

均质
锯齿状

③ 均质的"M"线，造型概念，适合快速表现

基本树形绕线

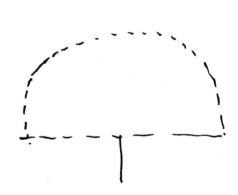

① 先画一个馒头形

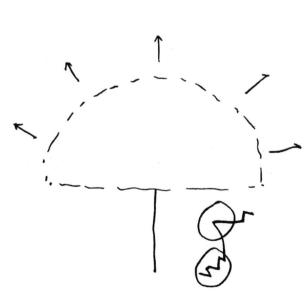

② 这次绕线我们以两小一大的锯齿线为基本单元

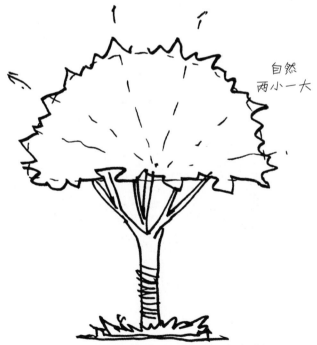

自然
两小一大

③ 注意底部的绕线为"凹"字形，这样的
造型相对自然

树木绕线的进阶画法一

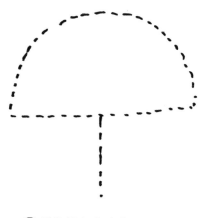

① 首先想象心中有一把伞

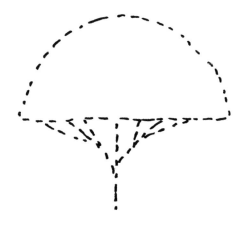

② 将树干分支

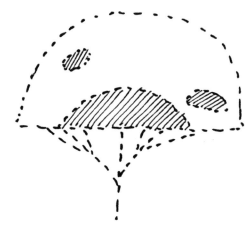

③ 确定树枝空洞部分留白

④ 用"M"线顺着形状绕线，注意凹凸和断续

⑤ 补充阴影，增加画面层次

树木绕线的进阶画法二

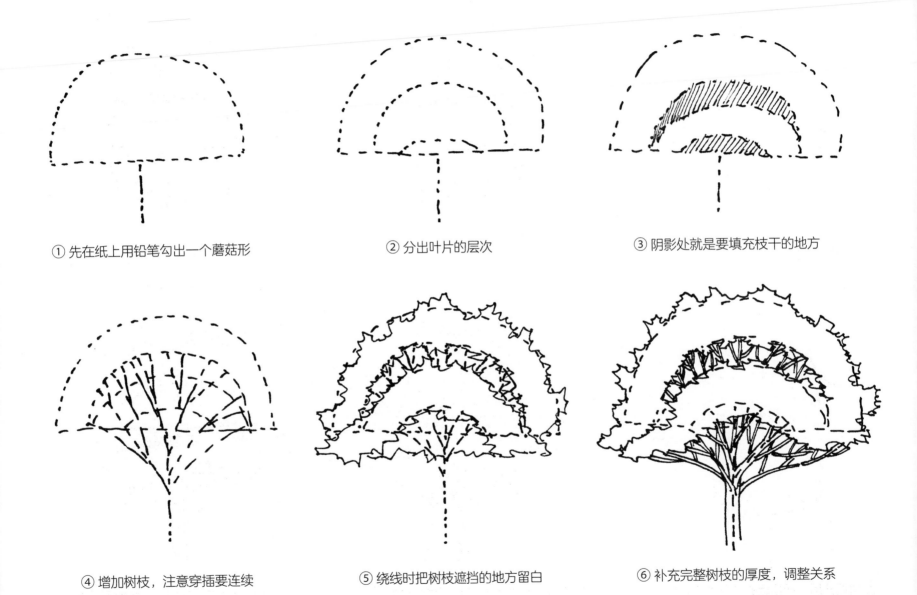

① 先在纸上用铅笔勾出一个蘑菇形

② 分出叶片的层次

③ 阴影处就是要填充枝干的地方

④ 增加树枝，注意穿插要连续

⑤ 绕线时把树枝遮挡的地方留白

⑥ 补充完整树枝的厚度，调整关系

树木绕线的进阶画法三

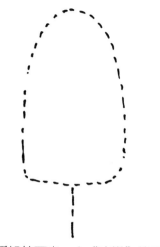

① 用铅笔画出一个"冰糕"的形状

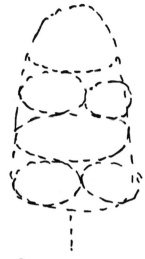

② 圈出叶片组团

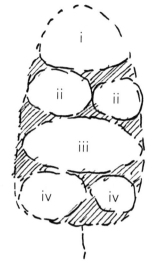

③ 注意分组要有微妙的大小和疏密关系

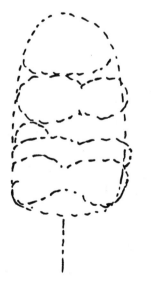

④ 整理分组，把相近的叶子组团融合

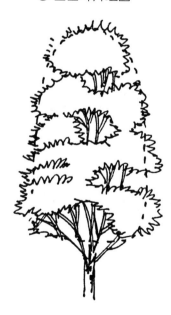

⑤ 绕线时注意下层叶片遮挡上层叶片，将树干穿插其间

⑥ 添加叶片之间的阴影，调整树叶的前后关系

树木绕线的进阶画法四

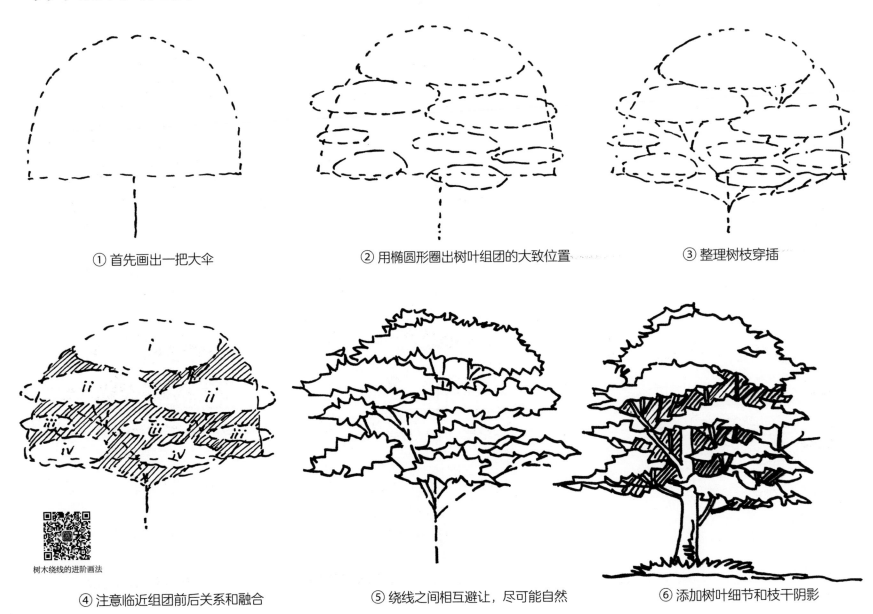

① 首先画出一把大伞

② 用椭圆形圈出树叶组团的大致位置

③ 整理树枝穿插

树木绕线的进阶画法

④ 注意临近组团前后关系和融合

⑤ 绕线之间相互避让，尽可能自然

⑥ 添加树叶细节和枝干阴影

无枝干灌木球的画法

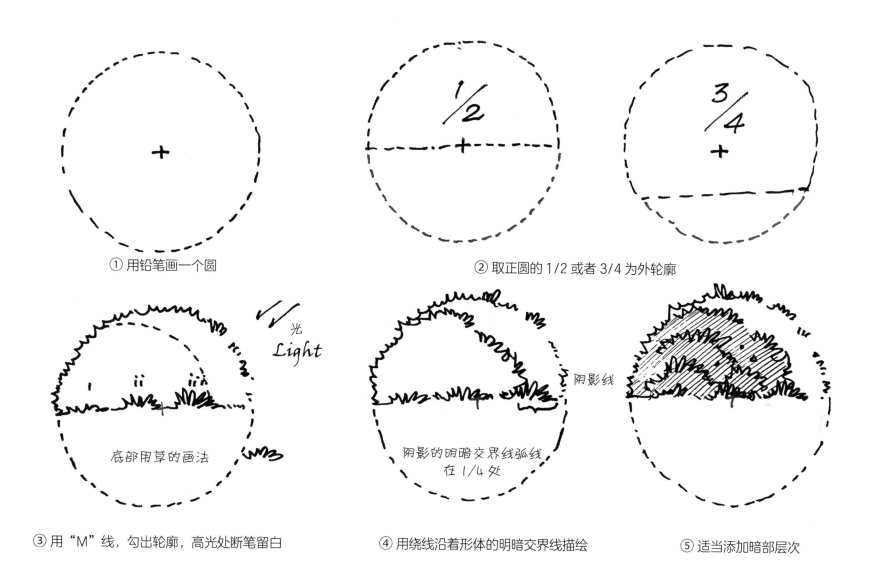

① 用铅笔画一个圆

② 取正圆的 1/2 或者 3/4 为外轮廓

光
Light

底部用草的画法

③ 用 "M" 线，勾出轮廓，高光处断笔留白

阴影线

阴影的明暗交界线弧线
在 1/4 处

④ 用绕线沿着形体的明暗交界线描绘

⑤ 适当添加暗部层次

有枝干灌木球的画法

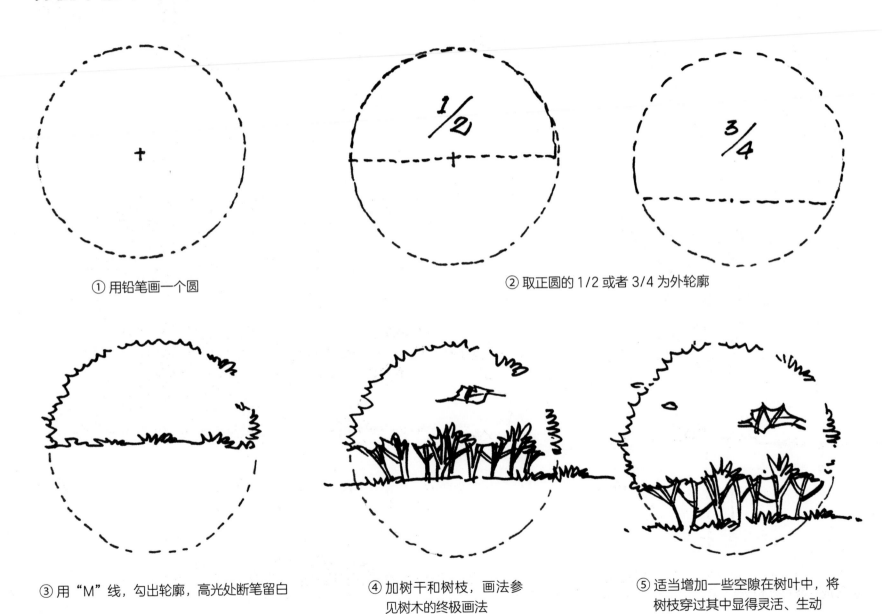

① 用铅笔画一个圆

② 取正圆的 1/2 或者 3/4 为外轮廓

③ 用"M"线，勾出轮廓，高光处断笔留白

④ 加树干和树枝，画法参见树木的终极画法

⑤ 适当增加一些空隙在树叶中，将树枝穿过其中显得灵活、生动

树干的终极画法

① 先画一个胜利的"v"字

② 然后紧接着画一个"耐克"的对勾

③ 紧贴着对勾添加一个反写的"6"

④ 重复以上的绘制步骤

⑤ 整理前后穿插关系

坚持画下去，你可以"禅定"，变成画树的大师！

⑥ 形成完整的树木枝条，注意树干是上小下大的，尽量不要平行

复杂树形的画法
观察——规律——思考——总结——表达

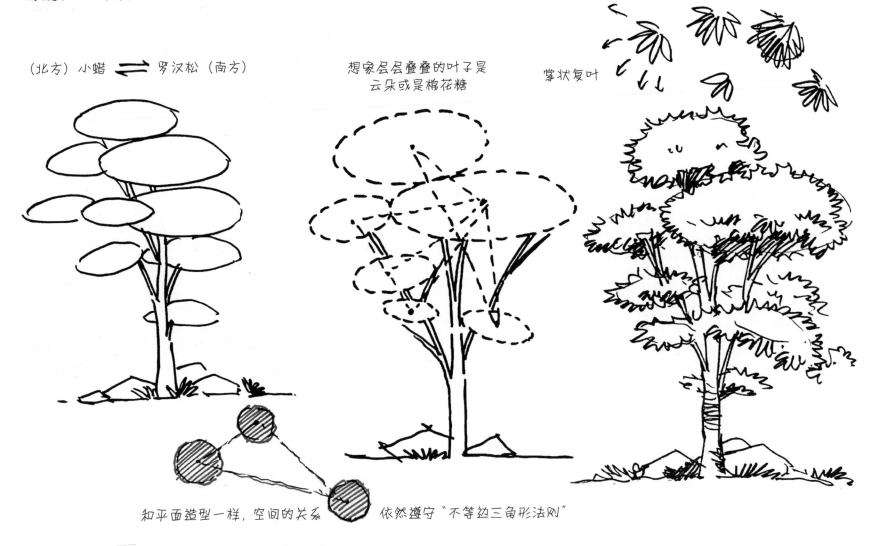

(北方) 小蜡 ⇌ 罗汉松 (南方)

想象层层叠叠的叶子是
云朵或是棉花糖

掌状复叶

和平面造型一样, 空间的关系 依然遵守"不等边三角形法则"

　　基本的绕线技巧前面已经说得很清楚啦。那么对于复杂的树形我们还需要通过一个公式来加强记忆: 观察——规律——思考——总结——表达。树是有厚度的, 时刻记住树的组团无论在平面上还是空间上都遵循"不等边三角形法则"。

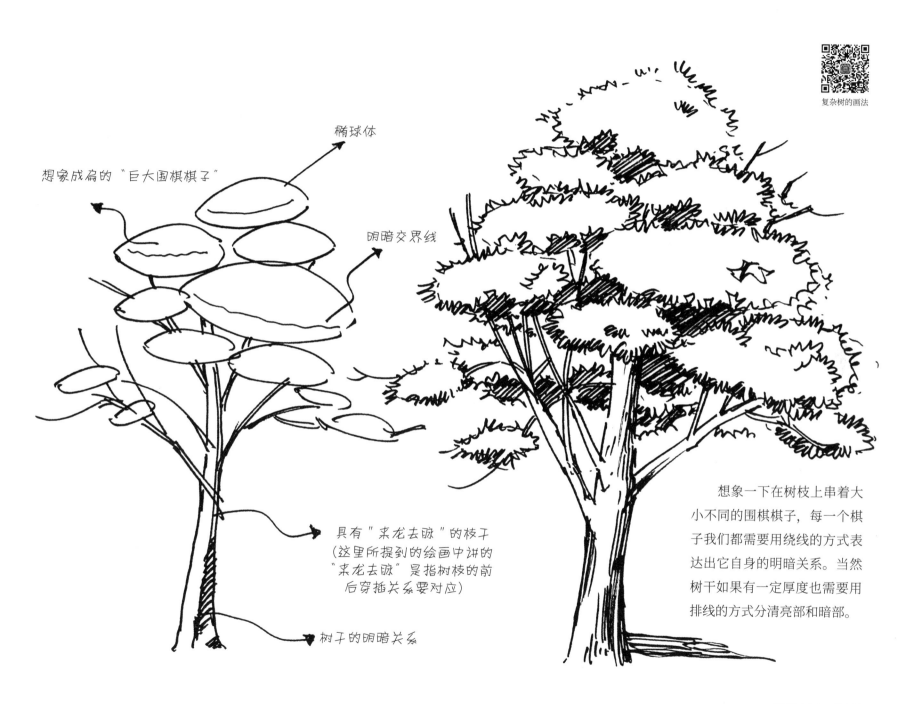

椭球体

想象成扁的"巨大围棋棋子"

明暗交界线

具有"来龙去脉"的枝干（这里所提到的绘画中讲的"来龙去脉"是指树枝的前后穿插关系要对应）

树干的明暗关系

复杂树的画法

想象一下在树枝上串着大小不同的围棋棋子，每一个棋子我们都需要用绕线的方式表达出它自身的明暗关系。当然树干如果有一定厚度也需要用排线的方式分清亮部和暗部。

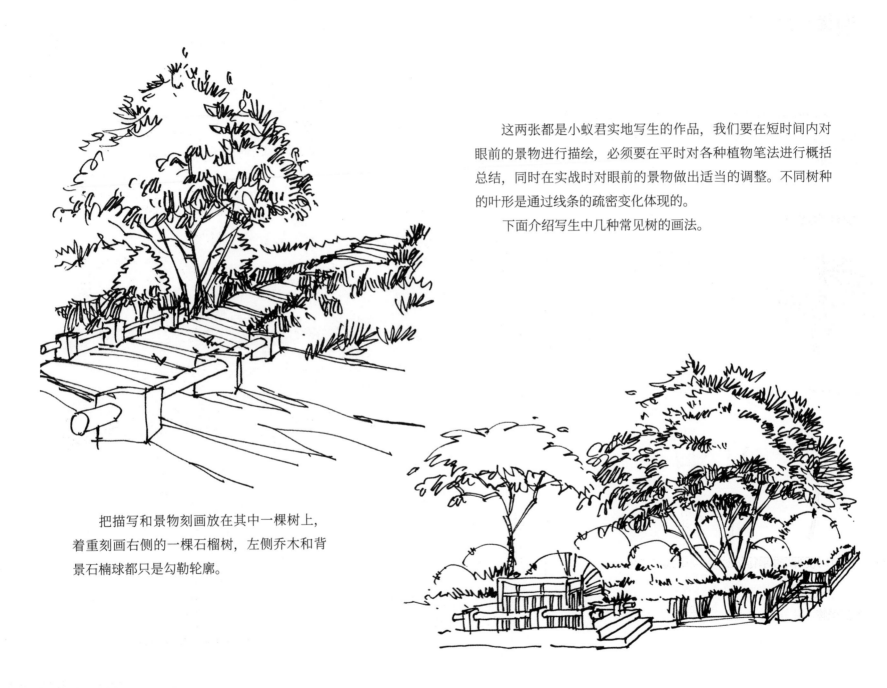

这两张都是小蚁君实地写生的作品，我们要在短时间内对眼前的景物进行描绘，必须要在平时对各种植物笔法进行概括总结，同时在实战时对眼前的景物做出适当的调整。不同树种的叶形是通过线条的疏密变化体现的。

下面介绍写生中几种常见树的画法。

把描写和景物刻画放在其中一棵树上，着重刻画右侧的一棵石榴树，左侧乔木和背景石楠球都只是勾勒轮廓。

泡桐的画法

泡桐树是北方乡土中最为常见的一种乔木，树冠冠幅较大且非常开阔，树杈上经常有鸟类的栖息场所，叶形为卵形。

泡桐叶的画法

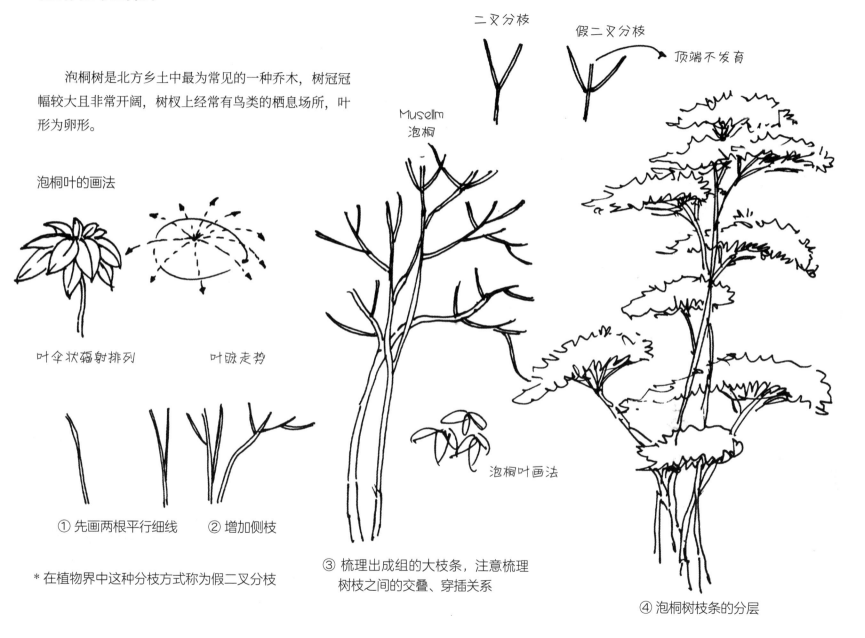

二叉分枝

假二叉分枝

顶端不发育

Musellm
泡桐

叶伞状辐射排列

叶脉走势

① 先画两根平行细线

② 增加侧枝

* 在植物界中这种分枝方式称为假二叉分枝

泡桐叶画法

③ 梳理出成组的大枝条，注意梳理树枝之间的交叠、穿插关系

④ 泡桐树枝条的分层

竹子的画法

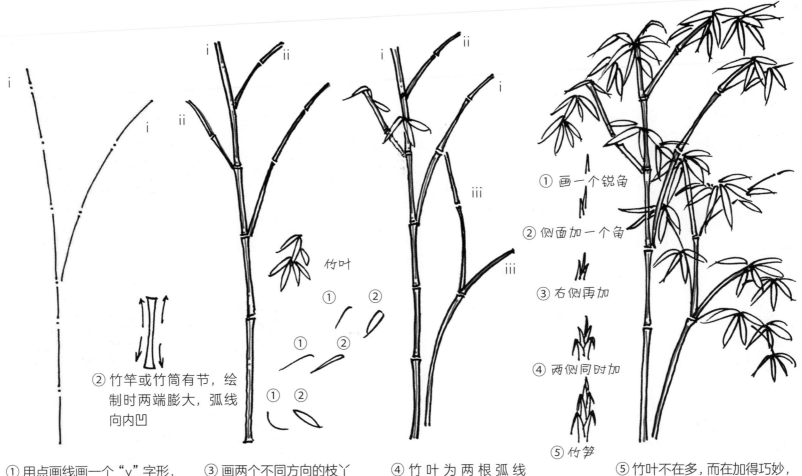

② 竹竿或竹筒有节，绘制时两端膨大，弧线向内凹

竹叶

① 画一个锐角

② 侧面加一个角

③ 右侧再加

④ 两侧同时加

⑤ 竹笋

① 用点画线画一个"丫"字形，每一段代竹子的一段
△ 注意要把"丫"字形画得有一点弧度
△ 注意竹子生长规律只有在节上才生长侧枝

③ 画两个不同方向的枝丫
△ 注意分枝点不要重合

④ 竹叶为两根弧线组成，排列法则为"个""介"，外轮廓呈扇形

⑤ 竹叶不在多，而在加得巧妙，高中低错落布置，一个近景的竹丛就画好了

在实际景观手绘中，竹子更多是以概括的排线笔法来一组一组地表现，这需要我们有一定概括和组织能力，需要多多练习。道路的曲线要和两侧的竹丛相呼应，用环境的气氛来烘托画面的整体感。

柳树的常用画法

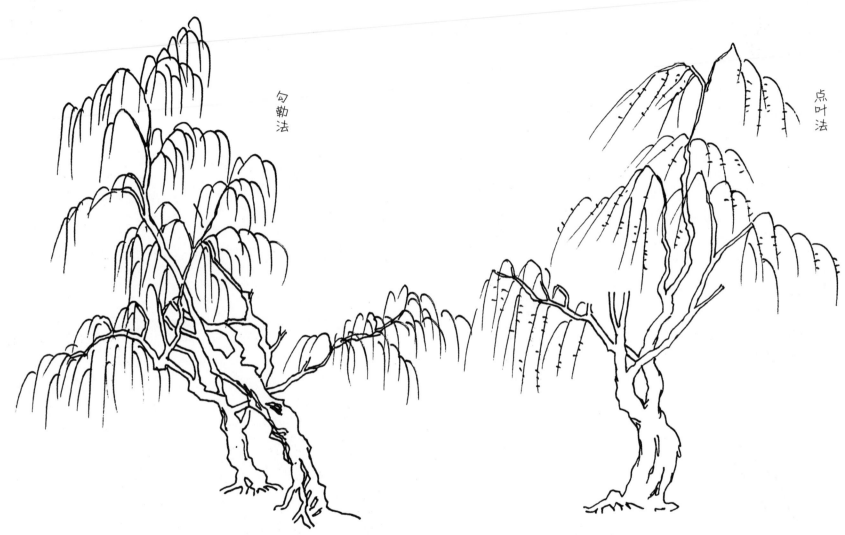

勾勒法

点叶法

在经典著作《芥子园画谱》中，古人已经为我们总结了两种经典的柳树画法，"勾勒法"用细线勾画柳叶的走势，"点叶法"进一步增加画面细节，所以我们表现柳树时可以参考这两种画法。只要在绘画之前仔细观察物体，梳理枝条的参差关系，便可以自上而下，也可以自下而上逆行绘制。初学者可以画圆形轮廓控制造型比例。

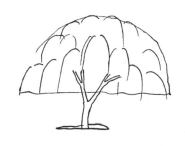

① 首先确定树形

② 树冠叶形用单线分组概括

③ 添加树枝细节

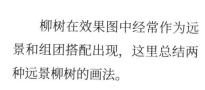

① 大型柳树分层较多，
可先用单线概括出来

② 分大体块概括形体

③ 增加柳条柳枝细节

柳树在效果图中经常作为远景和组团搭配出现，这里总结两种远景柳树的画法。

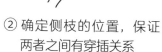

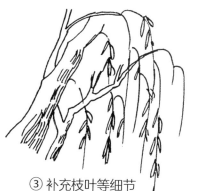

① 确定主干位置

② 确定侧枝的位置，保证
两者之间有穿插关系

③ 补充枝叶等细节

我们不要把柳树当成一棵树，把它想象成一个欧式喷泉，层层下落的水就是柳树的枝条，这样就比较好表现了。这里我给大家两种远景的表现手法，最下面的画法是前景树，也就是我们常说的挂角树。经常用在效果图的最前方，作为配景出现。

　　这是小蚁君的写生习作，前景的柳树枝条被有选择性地省略了，这样才能在画面上形成通透的视野。在户外写生绘画千万不要看什么画什么，眼手心脑四位一体，通过二次构图对观察到的景物进行取舍，保留自己感兴趣或瞬时感动的景物，多问自己几个为什么，从而确立画面表达思想和主题。

柳树的表现

柳树造型独特，枝条稀疏松散，在初学者写生描绘时比较棘手，由于这种树形不是很规整，所以需要从基部根部到树干树梢，分组去归纳概括。

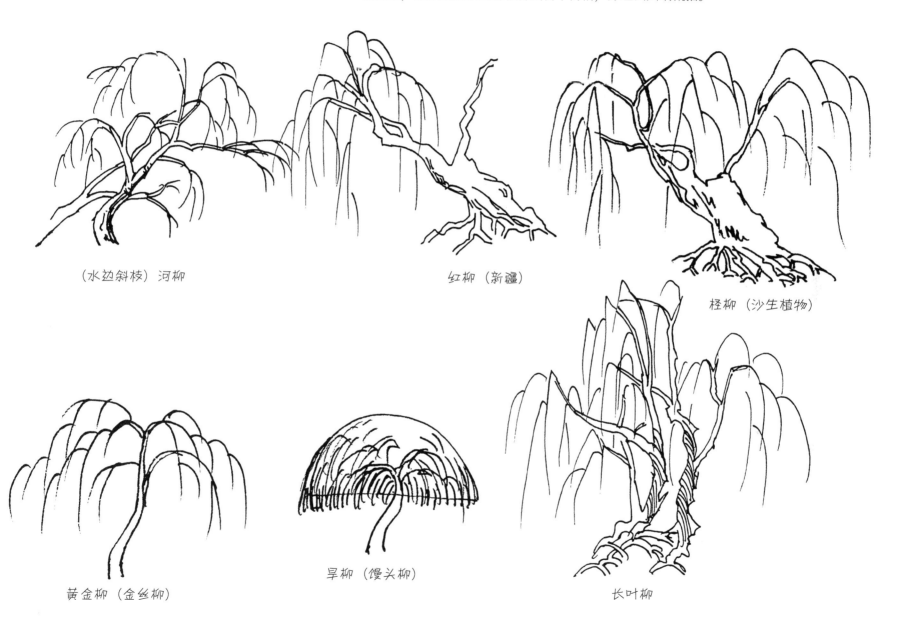

（水边斜枝）河柳

红柳（新疆）

柽柳（沙生植物）

黄金柳（金丝柳）

旱柳（馒头柳）

长叶柳

黄金柳的画法

① 用近似"S"形的双弧线来描绘黄金柳的主枝干

② 在树干的基部加上草坪草用的短"M"线轮廓按照扇形绘制

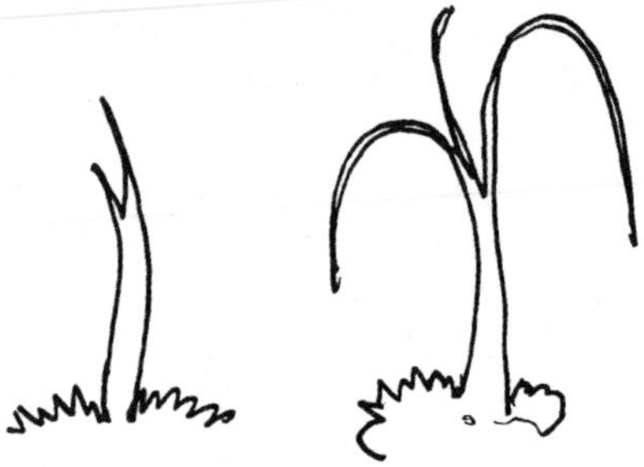

③ 添加"左""中""右"三支柳树的较细的枝条

④ 顺着枝条的自然生长方向增加一组一束柳条

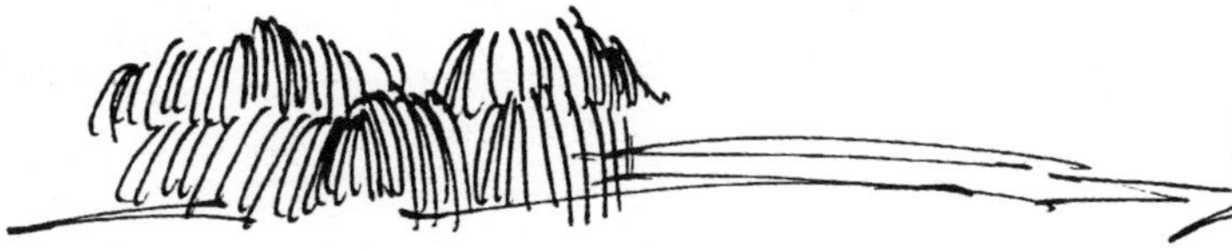

远处柳林（远景）

沙生柽柳（远景）

水边河柳

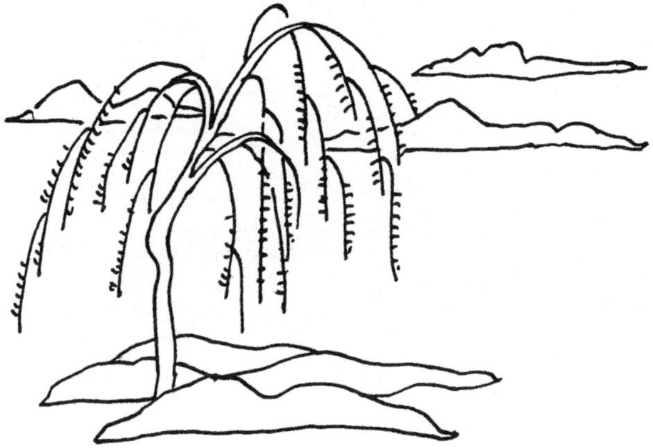

山坡丘陵边的垂柳

小溪边的垂柳

（前景）挂角柳树

旱柳树的远景效果可以概括成椭圆或卵圆的"M"形球状，通过层层叠叠的前后关系处理，描绘一种静谧的景观气氛。右侧添加挂角乔木前景树枝，利用类似中国画长卷轴的全景式散点透视的方法来凸显画面中央的拱桥。

这张图我用了相对均质的绕线来表达树丛，这样才能突出景桥，大家也来试试看吧。

树形的概括 & 树的基本骨架提取

球状　　　　椭球状　　　　橄榄球状　　　　馒头状　　　　伞状

三角状　　　　塔状　　　　三层馒头状　　　　棒棒糖状　　　　双层蛋挞状

叠层伞状　　　　多层馒头状　　　　扇状　　　　蘑菇状　　　　分支状

对于大千世界形态各异的树木，我们要学会用简笔画的形式概括，只要养成了这种习惯，再复杂的树我们也能轻松化解。

树木形态画法集合

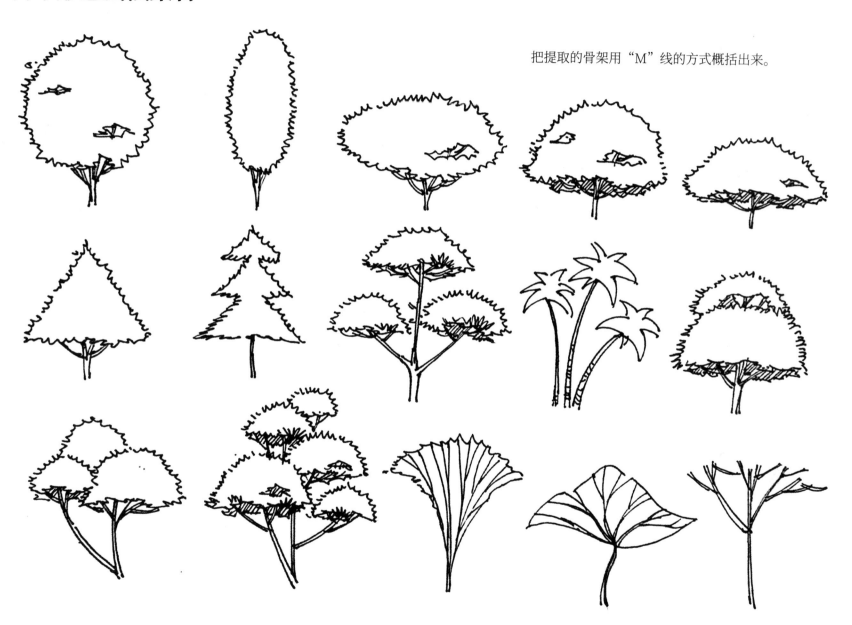

把提取的骨架用"M"线的方式概括出来。

灌木的概括 & 灌木的基本骨架提取

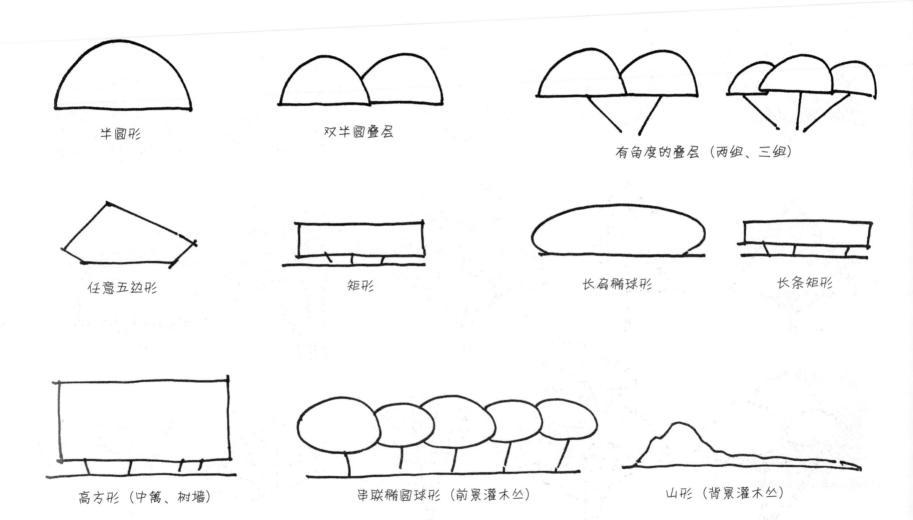

半圆形

双半圆叠层

有角度的叠层（两组、三组）

任意五边形

矩形

长扁椭球形

长条矩形

高方形（中篱、树墙）

串联椭圆球形（前景灌木丛）

山形（背景灌木丛）

灌木形态画法集合

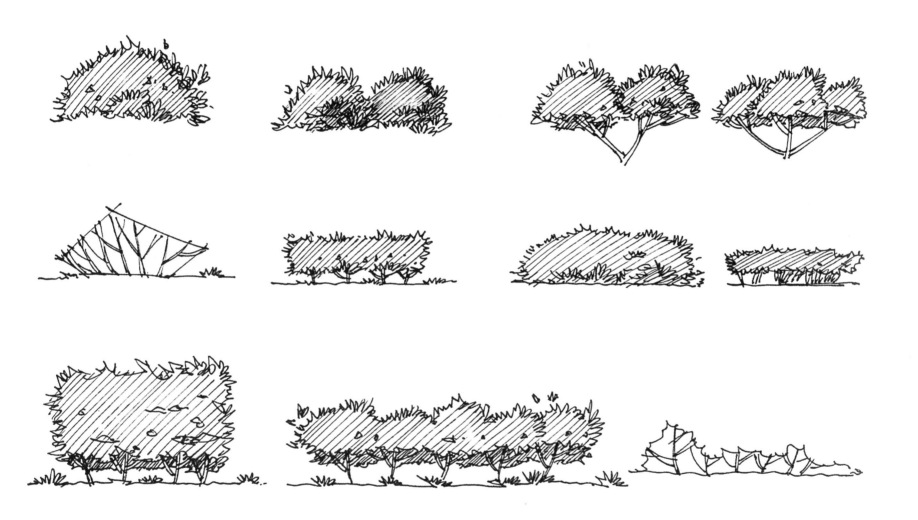

乔木的表现

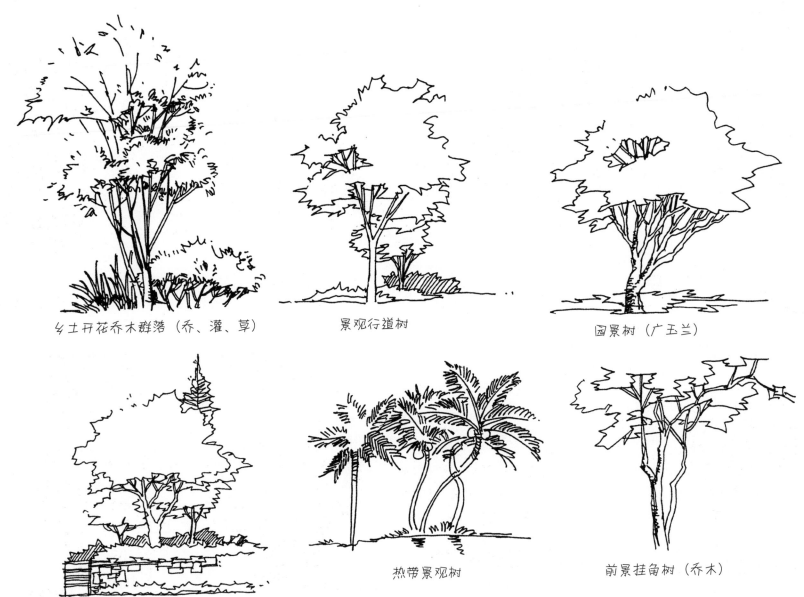

乡土开花乔木群落（乔、灌、草）

景观行道树

园景树（广玉兰）

挡土墙或公园小区入口景观孤赏树

热带景观树

前景挂角树（乔木）

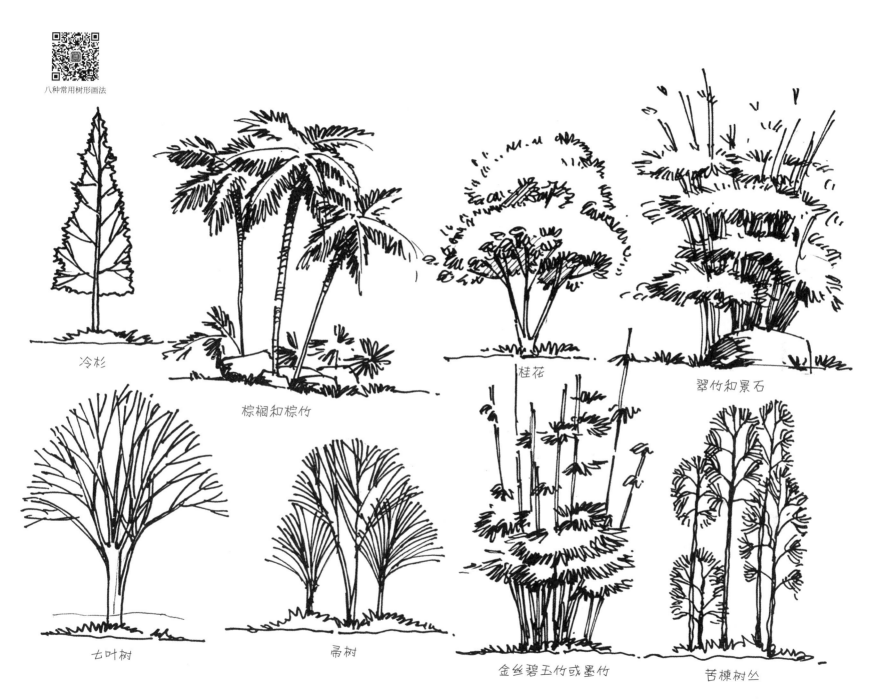

冷杉

棕榈和棕竹

桂花

翠竹和景石

七叶树

帛树

金丝碧玉竹或墨竹

苦楝树丛

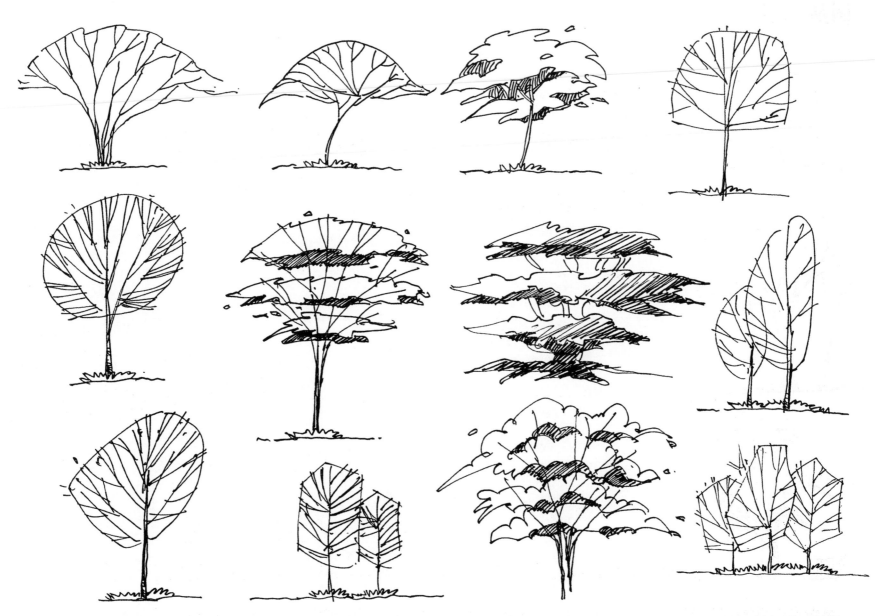

用随意放松的手绘线也同样能够绘制出漂亮的景观树的外轮廓，这种方法同样适用于阔叶树和落叶乔木的画法，比如，复叶槭、广玉兰等。

树丛的表现

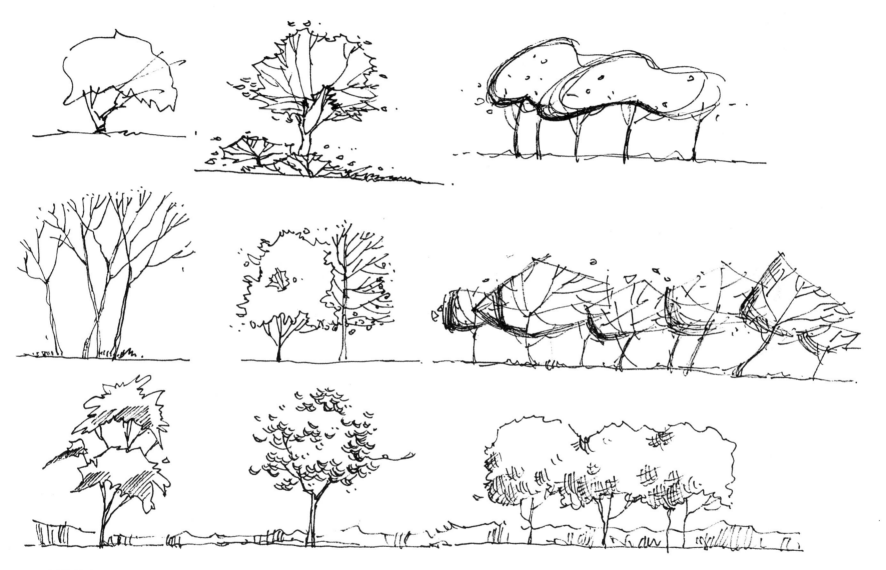

　　树丛的表现用随意的线条是为了不抢主景的分量，以免喧宾夺主，一副好的景观手绘要有主次之分，如同站在远处欣赏一幅好的书法一样，用取舍的眼光从整体观察。

世界上植物姿态千变万化，多种多样。不同的生态气候环境造就了丰富多彩的植物多样性。乔木是能够充当森林高层的高大种群，其下的植物便进化出适应半阴和散射光生长的特征。这就产生很多丛生的灌木。

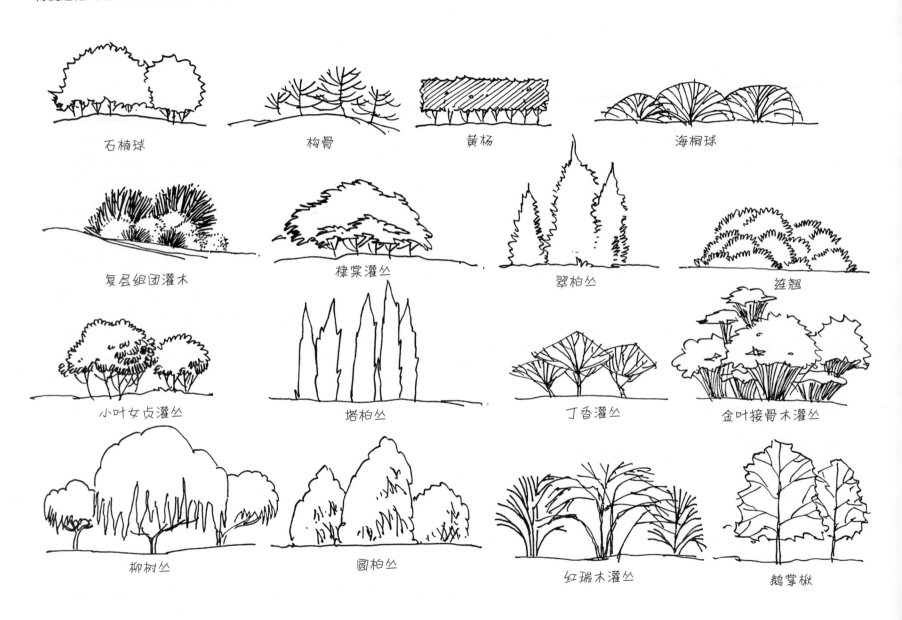

石楠球　　　　　　构骨　　　　　　黄杨　　　　　　海桐球

复层组团灌木　　　棣棠灌丛　　　　翠柏丛　　　　　连翘

小叶女贞灌丛　　　塔柏丛　　　　　丁香灌丛　　　　金叶接骨木灌丛

柳树丛　　　　　　圆柏丛　　　　　红瑞木灌丛　　　鹅掌楸

这幅画中的别墅景观庭院，植物多数作为景观场所围合感的配景，后面背景的树丛在描绘过程中只勾勒简单的轮廓，受光面的线条可以断掉；两侧的水杉形成竖向的垂直线条来限制景观视线的通透性和视觉可达性。

这张图中的绕线比较灵活，为了区分前后关系可以用排线的方式增加层次。

滨水景观的植物适应温度变化，靠近水边的植物叶片和导管系统比较发达。通过大乔木的主干搭建具有一定功能的树屋，能够更加完善整体的景观生态系统功能价值，让游人欣赏到更加开阔优美的风景。树木线条采用多种不同方向的"M"线，避免画面单调。在描绘树丛时，要用最经典的线去进行特征的快速捕捉。

室内或建筑外部的庭院，中庭空间也具有景观介入的属性。通常将高大的乔木作为界定室内外空间的重要依据。"S"形的建筑空间为了能够尽量保留原始场地中的乔木，通过与地面树池空间的呼应进行整体氛围的营造，力求将室内外融为一体。

　　最后，我们来说说构图。构图本来不是这本书要解决的问题，但一个好的构图可以让你的画面充满张力。所以小蚁君认为一幅好的景观手绘表现第一重要的是构图，其次才是各种绘图技法的磨炼。这点一定要切记。

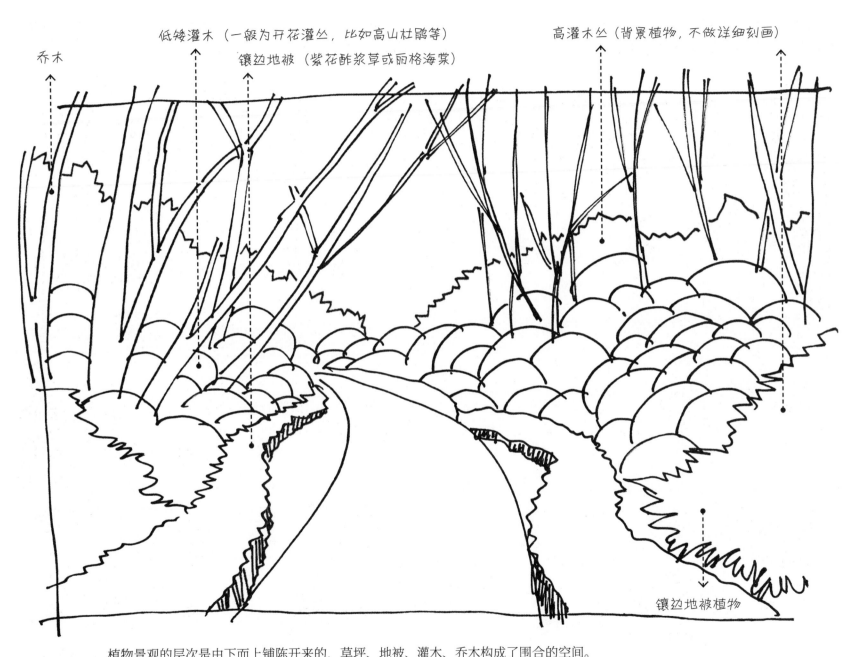

乔木

低矮灌木（一般为开花灌丛，比如高山杜鹃等）

镶边地被（紫花酢浆草或丽格海棠）

高灌木丛（背景植物，不做详细刻画）

镶边地被植物

植物景观的层次是由下而上铺陈开来的，草坪、地被、灌木、乔木构成了围合的空间。

在绘制道路景观植物类型的效果图时，首先，确定画面中的构图比例，也就是"天空地面之比"。如果所绘的地面景物多，那就选择地面；若是天空中的景物丰富，那就必须加大天空的空间大小。林下空间可以把树影勾勒出来，让光影关系更加明显。

北方植物道路景观

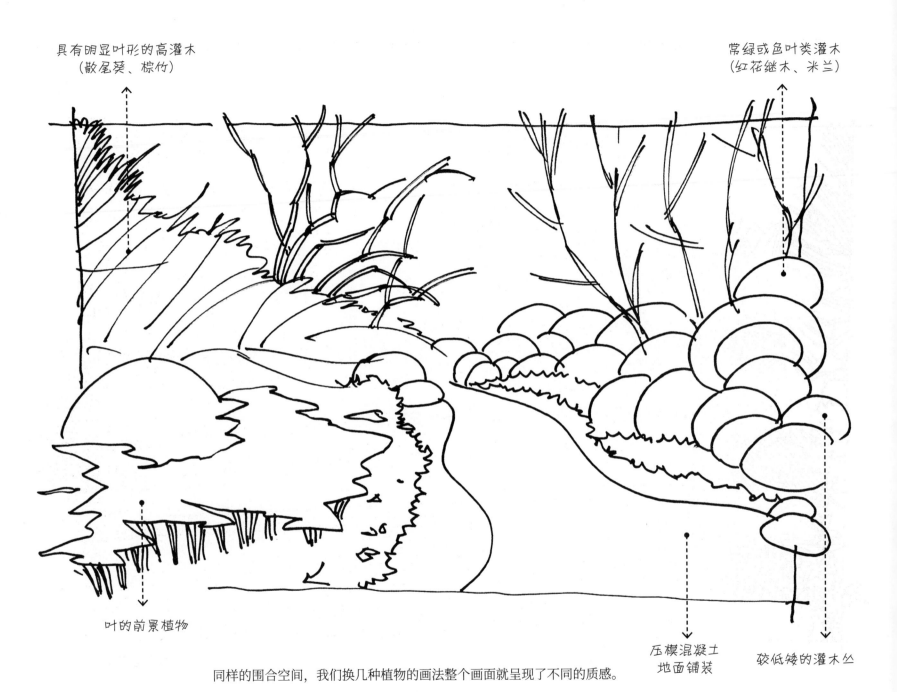

具有明显叶形的高灌木
（散尾葵、棕竹）

常绿或色叶类灌木
（红花继木、米兰）

叶的前景植物

压模混凝土
地面铺装

较低矮的灌木丛

同样的围合空间，我们换几种植物的画法整个画面就呈现了不同的质感。

要用眼睛去快速观察, 然后用心归纳总结, 用线去堆积, 形成不同植物的最直观的整体印象。在绘制不同地域南北方的植物时要把特征呈现出来。

南方植物道路景观

思考与练习：基本道路植物配置效果图画法（范本）

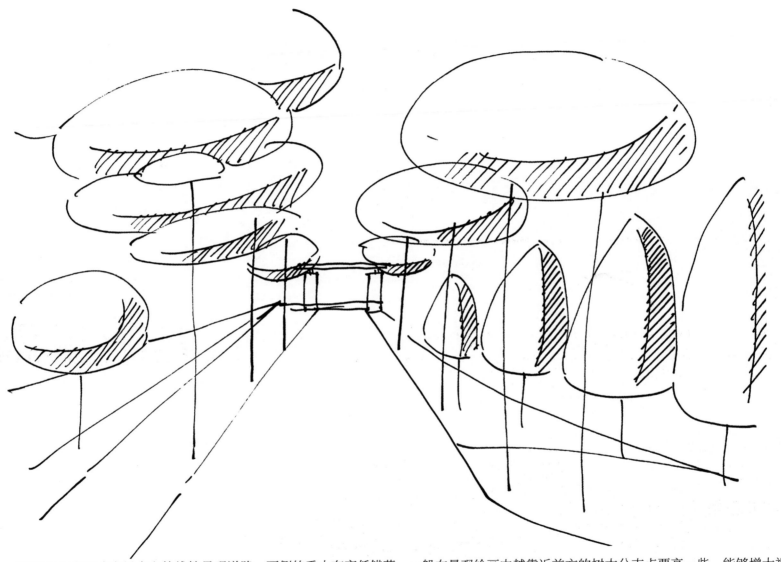

    若是在住宅区或广场中心的线性景观道路，两侧的乔木有高低错落，一般在景观绘画中越靠近前方的树木分支点要高一些，能够增大视觉的通透性。在景观轴线的尽头一般会有景观标志物或景观小品雕塑矗立，这样具有标识性。

Chapter 2

置石组景篇

这一章我们讲一讲置石组景的画法。除了乔木灌木，我们经常还会在景观手绘中看到植物和石头组合的小场景，它们一般用在前景，或者画面的主体，需要比较细致的刻画。所以这一章我们会把草坪、石头、前景植物分开讲解，然后再将这些元素组合，用简单的构图表达一组小景。你会发现在景观手绘中石头是不可或缺的，近景植物是需要积累的，草坪画法是有套路的，但将他们放在一起就会是千变万化的。

近景草坪草的几种常见画法（南方暖季草坪草）

A. 天堂草

① 先画一个主干

② 增加若干小枝

③ 增加所有细节

B. 马尼拉草

① 先画一小组

② 增加和复制若干组

③ 再把几组合并在一起

C. 马蹄金草（铜钱草）

① 先画大小若干个圆泡泡

② 给每个泡泡增加茎干

③ 排列泡泡的方向和疏密变化，增加叶片缺口

景观效果图中草地的表现方法

方法一：采用比较放松的排线，通过参差不齐的线条和疏密有致的排列表现自然草地的效果，这种形式可以给后期着色留有较多的空间。

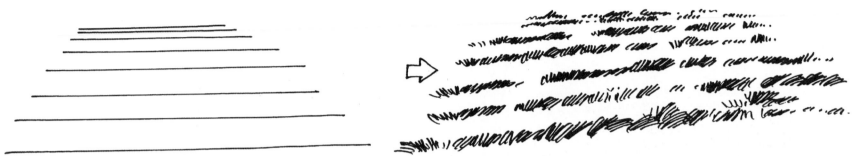

方法二：采用连续的"M"线进行反复的重叠交叉，也能形成草地的质感，非常适合表现近景的树池。

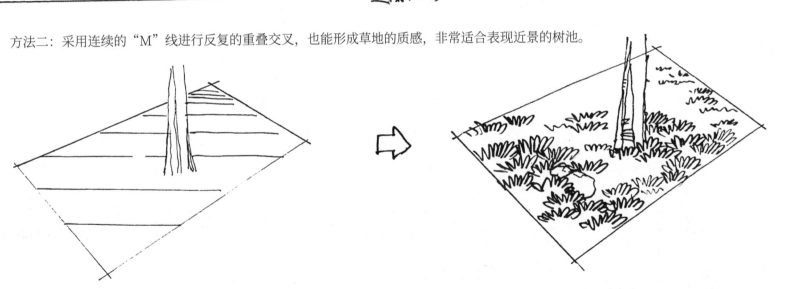

草地的表现技法

近景草的画法

在景观设计规划快题中，草由于体量较小，往往不被人们重视，其实草地在画面中的作用很大，可以用来对比出树干、墙体等景观构筑物和表达画面质感，体现景深等作用。

滨水草地

道路旁的草地

前景植物配置组团的画法

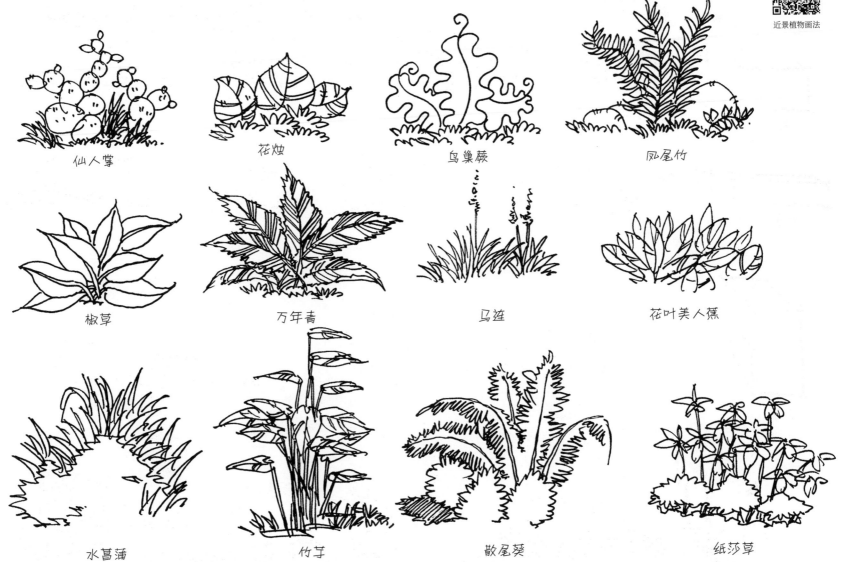

仙人掌

花烛

鸟巢蕨

凤尾竹

椒草

万年青

马莲

花叶美人蕉

水菖蒲

竹芋

散尾葵

纸莎草

前景植物在园林中是各种一二年生花卉、宿根球根花卉，当然根据环境的不同也有沙生、热带、水生植物。这些都需要平时收集积累，这里我给大家 12 种常见的前景植物的画法参考。

石头的基本画法

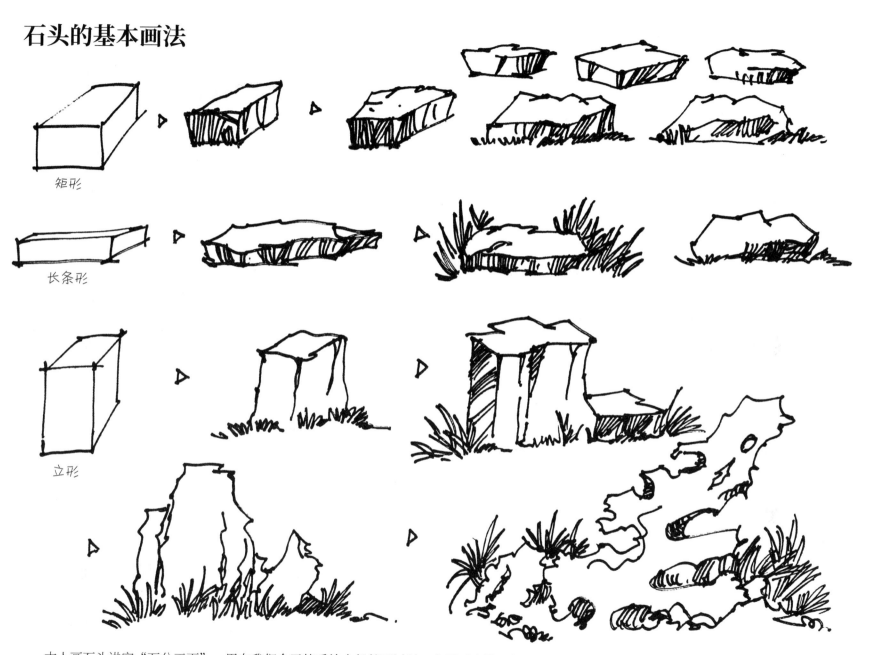

矩形

长条形

立形

古人画石头讲究"石分三面",用在我们今天的手绘中仍然不过时。在画石头前,心里要默念两句话:1.宁方勿圆;2.石分三面。

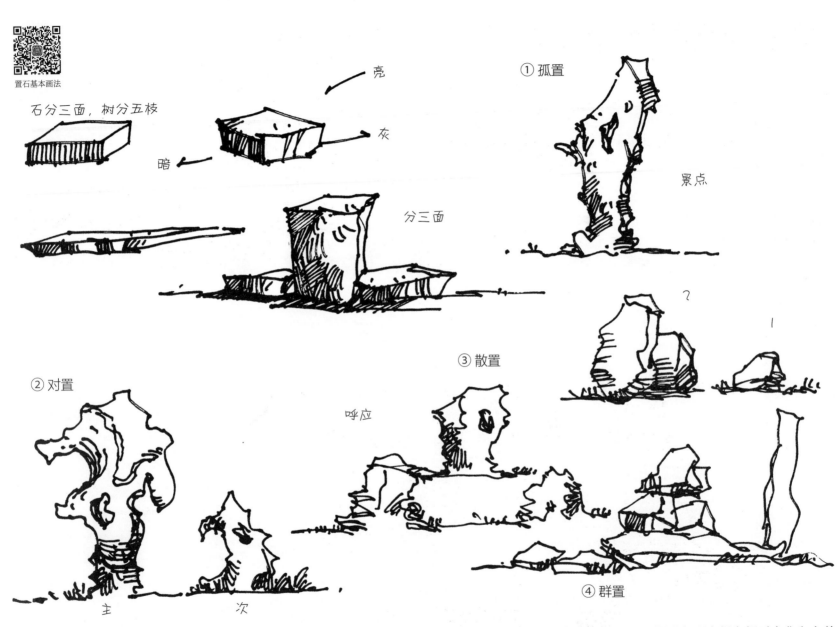

置石基本画法

石分三面，树分五枝

亮

灰

暗

分三面

① 孤置

景点

② 对置

呼应

③ 散置

主   次

④ 群置

    我们画石头需要讲究孤置、对置、散置、群置。而在景观手绘中我们至少要做到画多块石头时，石头的大小、位置和形态都有相对变化和参差，这样才显得真实自然。

① 在画线条时，要尽量去表现石头的不同质地。对于硬朗的
　石头，线条可以这样画：多用顿挫，重叠折角，往复折角。

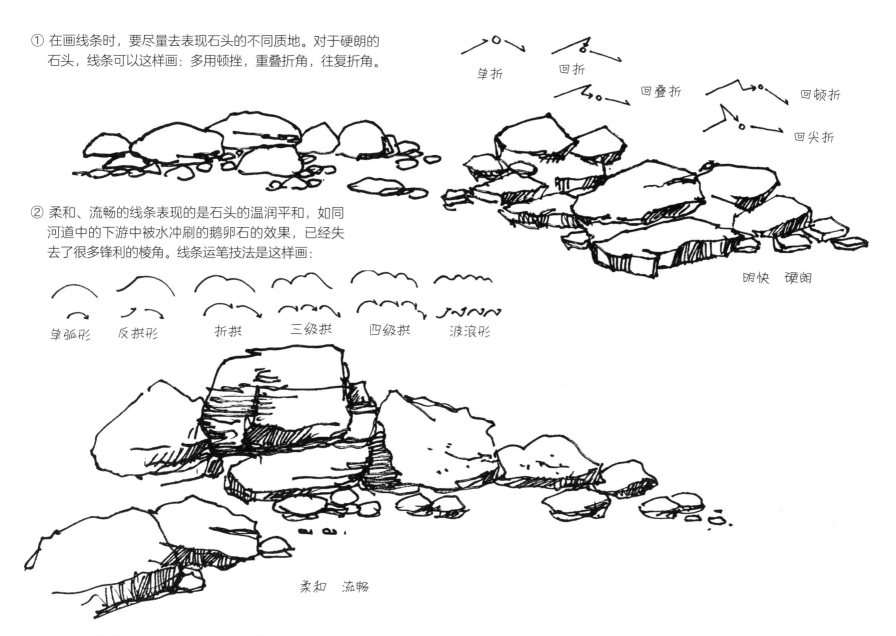

单折　　回折　　回叠折　　回顿折　　回尖折

② 柔和、流畅的线条表现的是石头的温润平和，如同
　河道中的下游中被水冲刷的鹅卵石的效果，已经失
　去了很多锋利的棱角。线条运笔技法是这样画：

单弧形　反拱形　折拱　三级拱　四级拱　波浪形

明快　硬朗

柔和　流畅

　　石头根据所在环境的不同也有不同的质地。上面一组我的用线比较挺，可以表现石头的硬朗、明快；下面一组用笔灵活，表现石头的柔和、
流畅。

多层石块的堆叠要有统一的明暗关系。首先，在画的起初要当做一个整体来考虑。一整块考虑之后可以运用雕塑或者绘制建筑体块的方法。第一种可以做加法，进行塑的堆加；第二种可以做减法，用雕的方法，去掉不要的石体块，以力求达到完美的形态。

但石头的表现大体上还是要遵循宁方勿圆的原则，用笔坚挺，出来的效果也会比较有力度。

古代宋朝文人当道，宋徽宗酷爱异石造型，劳民伤财花费巨大营建艮岳。因此，第一部论石的专著也是宋代杜绾写的《云林石谱》，该书中第一次分门别类地介绍了各种石头。石头的形式多种多样，平时多注意收集整理。

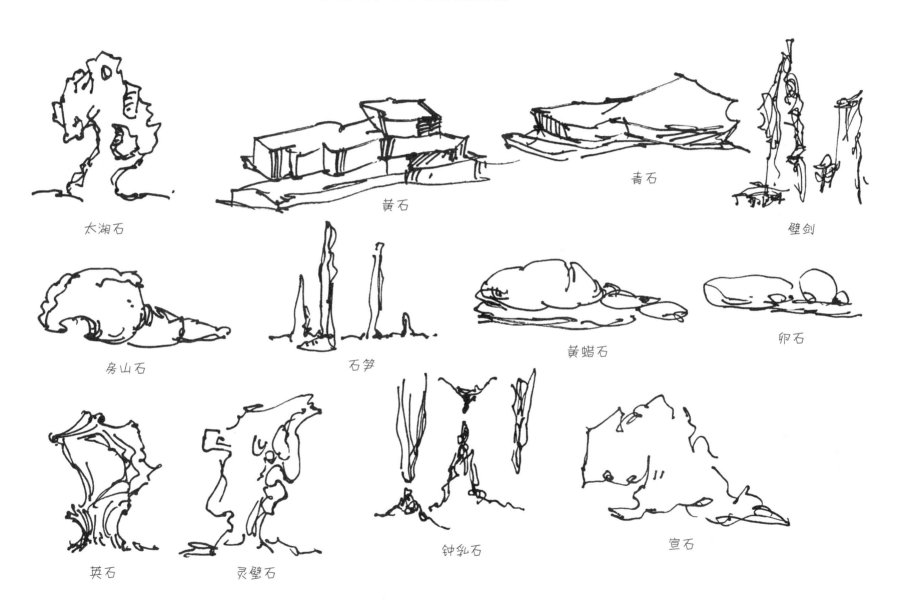

太湖石

黄石

青石

壁剑

房山石

石笋

黄蜡石

卵石

英石

灵璧石

钟乳石

宣石

结合之前的 12 种近景植物，我给大家画了 8 种置石组景，可以用来点缀画面的前景。

置石植物组团

写生中墙的材质表现方法

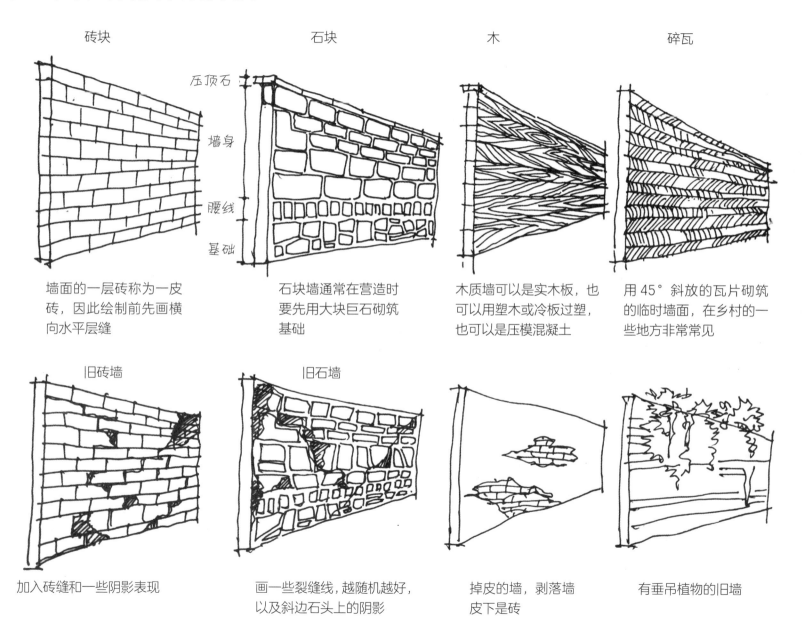

砖块

石块

压顶石

墙身

腰线

基础

木

碎瓦

墙面的一层砖称为一皮砖，因此绘制前先画横向水平层缝

石块墙通常在营造时要先用大块巨石砌筑基础

木质墙可以是实木板，也可以用塑木或冷板过塑，也可以是压模混凝土

用 45°斜放的瓦片砌筑的临时墙面，在乡村的一些地方非常常见

旧砖墙

旧石墙

加入砖缝和一些阴影表现

画一些裂缝线，越随机越好，以及斜边石头上的阴影

掉皮的墙，剥落墙皮下是砖

有垂吊植物的旧墙

置石组景综合表现

水石交融营造出有现实落差的景观效果，在绘制时要注意整体的植物形态上的差异和边缘线的控制。

圆叶棕榈

水菖蒲

紫叶李

苏铁

吉祥草

莲花石

片块页岩（极岩）

黄石

鹅卵石驳岸

跌水

置石组景的画法

1—主景造型树（棕榈科植物）

2—绿灌木植物（观叶类植物）室内常用喜阴植物，例如：
    竹芋类、喜林芋等

3—常绿悬垂类植物（叶形细腻有特色），例如：波士顿蕨、
    肾蕨、鸟巢蕨

4—置石多选用花岗岩或者火山石，镶边草可以用吉祥草、
    金叶番薯、麦冬

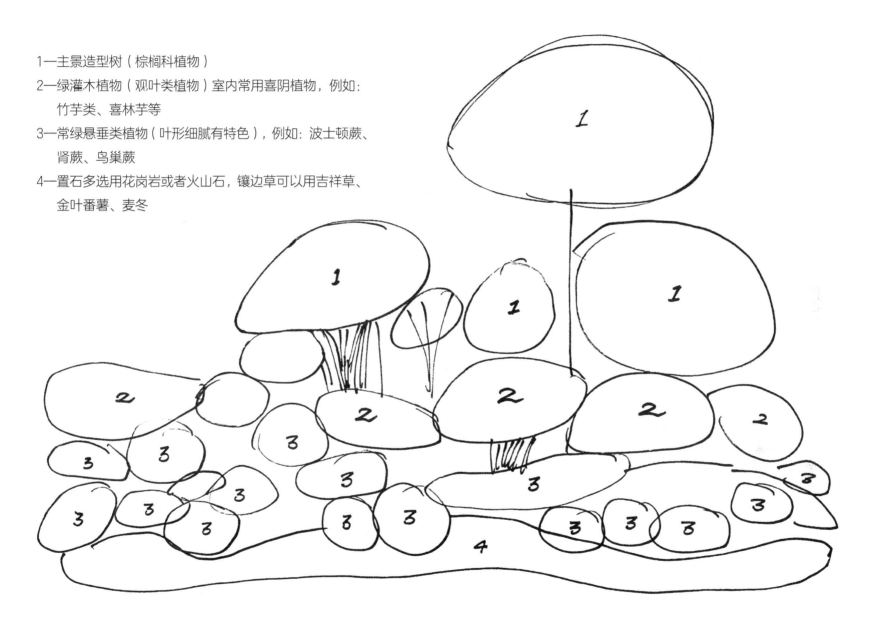

在画比较复杂的植物组团时，一定要先概括大致的形态轮廓，尤其要注意几个主要植物在群组中的骨架地位。

苏铁

棕榈

凤尾竹

孔雀竹芋　鹅掌柴

龙血树

小飞羽

落水场景植物配置，要求高低有致，前后景观植物的形态要具有明显差异化。一些高大的棕榈类植物，要在背景中充当线条比较突出的一部分。

植物组景的基本原则

1—孤赏树或主景树种
2—小乔木、配景树种
3—主要常绿灌木植物
4—纵向一两种搭配植物
5—地被或者镶边草、置石

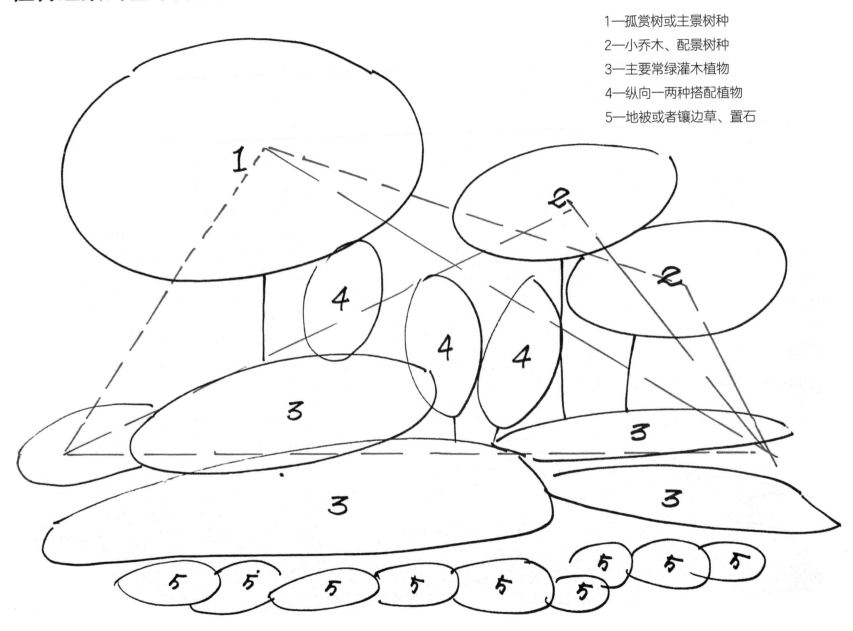

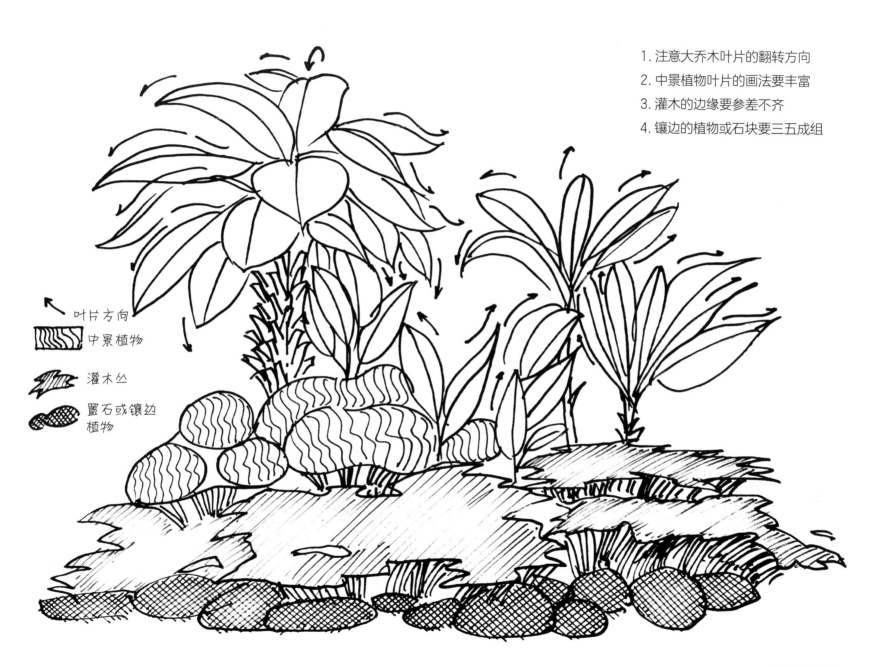

1. 注意大乔木叶片的翻转方向
2. 中景植物叶片的画法要丰富
3. 灌木的边缘要参差不齐
4. 镶边的植物或石块要三五成组

叶片方向
中景植物
灌木丛
置石或镶边
植物

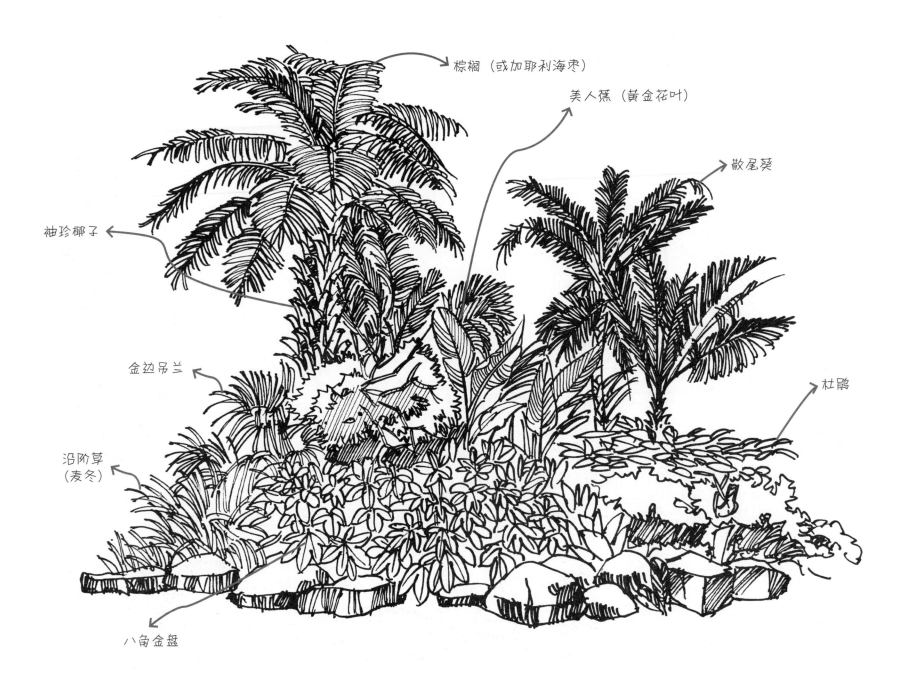

棕榈（或加耶利海枣）

美人蕉（黄金花叶）

散尾葵

袖珍椰子

金边吊兰

杜鹃

沿阶草
（麦冬）

八角金盘

在构图一开始，可以快速地在画面上定位各类植物的位置，塔柏和圆柏可以作为界定空间的线性植物要素，但两侧必须有大量的灌木来营造大面积的背景基底，道路在绘制时用"S"线，便能够产生景深效果。

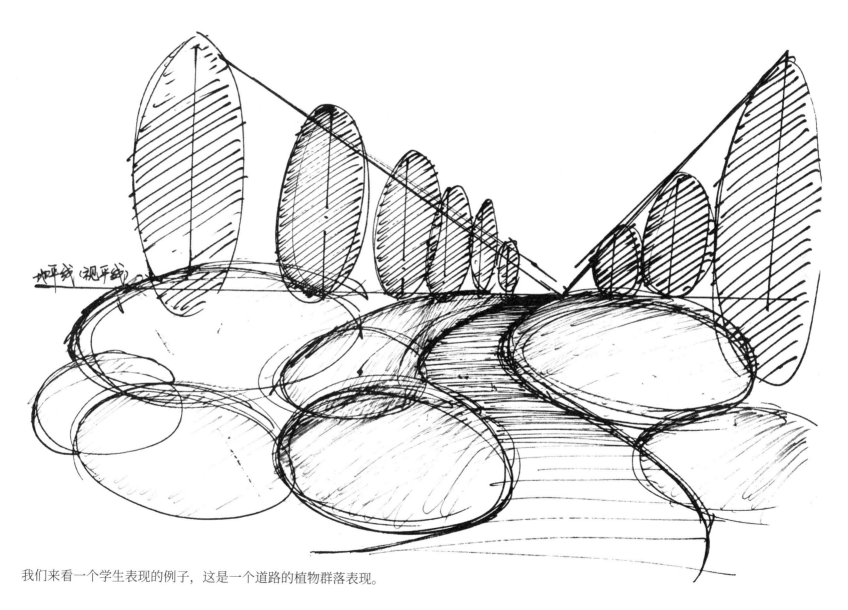

地平线（视平线）

我们来看一个学生表现的例子，这是一个道路的植物群落表现。

植物组团的构成法则

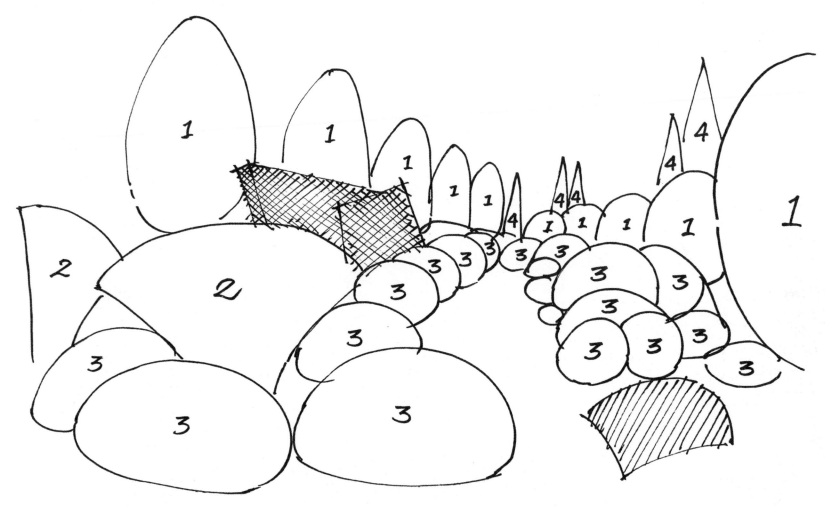

道路景观植物搭配法则：

1—背景行道树，高大常绿乔木（骨架树种）

2—中景的观赏草，具有很鲜艳的色彩和优美的形体

3—周边的剑麻或龙舌兰镶边

4—背景树中的针叶树，丰富林冠线

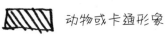 动物或卡通形象　　 景观小品

学生通过分析这些树的形状和透视, 虽然手法略显稚嫩, 但在短时间还是能控制画面元素, 达到提高画面质量的效果。

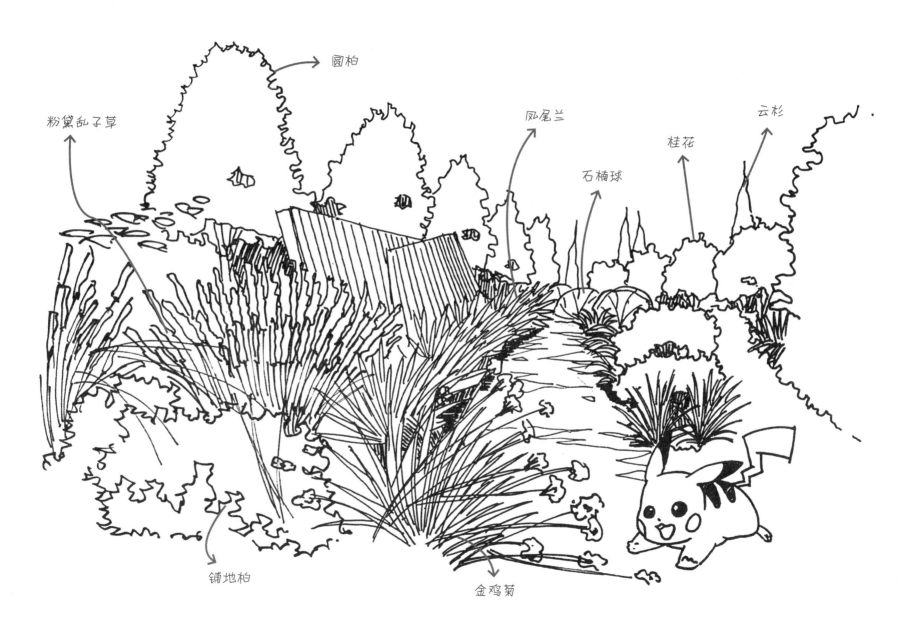

圆柏

粉黛乱子草

凤尾兰

石楠球

桂花

云杉

铺地柏

金鸡菊

利用卡通形象的动态和动势来表现。水面的圆形汀步用来增加景观的观赏点。绘制两三个不同形态的龙猫形象能将这个节点的景观功能用动画静帧的效果凝固定格下来。所以在绘制此类效果图时不妨多想几步，这幅效果图要重点说明什么，做到"有的放矢"。

龙猫主题手绘

湿地水景也同样需要一些动物或人物来体现空间的功能特质，例如下图中就可以看出几只龙猫所处的位置各不相同但却能相互呼应，围合出立体空间的场所精神和整体氛围感。

枯树

水生鸢尾

牵牛花

石菖蒲

旱金莲

水生菖蒲

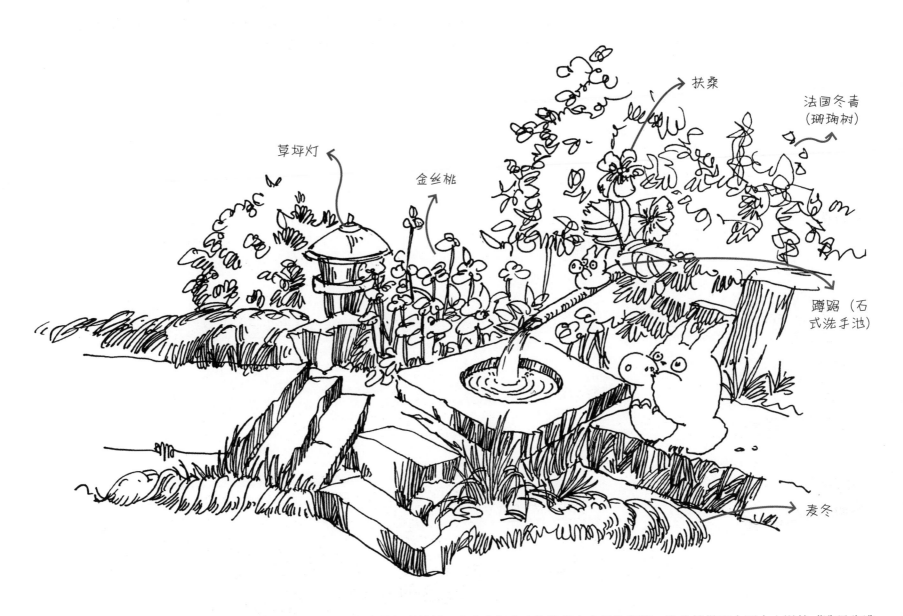

扶桑

法国冬青
（珊瑚树）

草坪灯

金丝桃

蹲踞（石
式洗手池）

麦冬

　　植物造景要求首先要通过空间特性先做到了解场地中的场所精神。在小空间中也能体现出空间的意境，这也就做到中国古人说的"造景先造境"，找到与这块地相近的植物的内在气质，这幅图便是追求日式景观中的禅意境界。

水景植物空间营造，尽可能地多配置具有不同生态习性的水生植物，这样才能描绘出一个真实富有氛围的水边景观。

香蒲

再力花

草帽

荷

睡莲

木船桨

菖蒲

热带主题置石组景

① 鹿角蕨　　⑦ 石斛兰　　⑬ 景天科多肉植物
② 枯木　　　⑧ 大藻　　　　（冬美人 & 胧月）
③ 石菖蒲　　⑨ 白毛藓　　⑭ 白色鹅卵石
④ 红腹锦鸡标本　⑩ 葫芦藓　⑮ 水缸（瓦瓮）
⑤ 石磨盘　　⑪ 波士顿蕨
⑥ 铃兰　　　⑫ 花叶玉簪

驳岸类水景植物配景，大多讲求一个生态稳定性，要求各个群落之间要彼此都有预留的空隙。在空隙中乔、灌、草都能够复合搭配形成稳定的生态系统，使得景观呈现出乡土野趣的状态，同时也创造多样性生物生态栖息地。

棕榈

木桩驳岸

石汀步

凤尾兰

龟背竹

置石组景构图研究

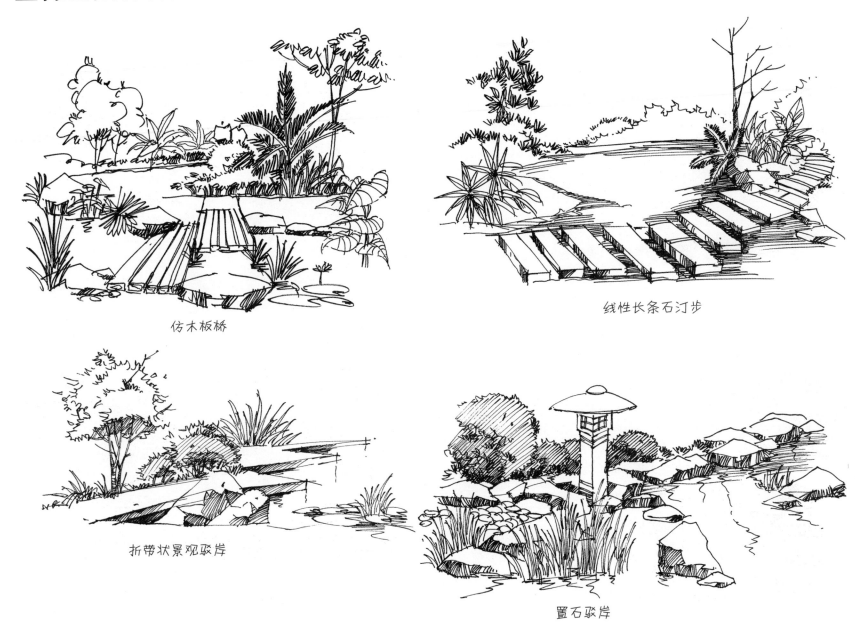

仿木板桥

线性长条石汀步

折带状景观驳岸

置石驳岸

螃蟹假山水景

山溪自然式水景

平桥飞瀑多级式水景

叠瀑式水景

河流入海口水景

石滩缓坡水景

山溪峡谷水景

蹲踞

篱笆竹影斜，
静水盥洗声，
青苔石菖蒲，
踏石络绎绝。

石灯

静守一方土，

夜幕三更辰。

古井映明月，

孤灯照路人。

石阶小径
田间与地头，
处处皆有之。
树影草花语，
尘泥幻化身。

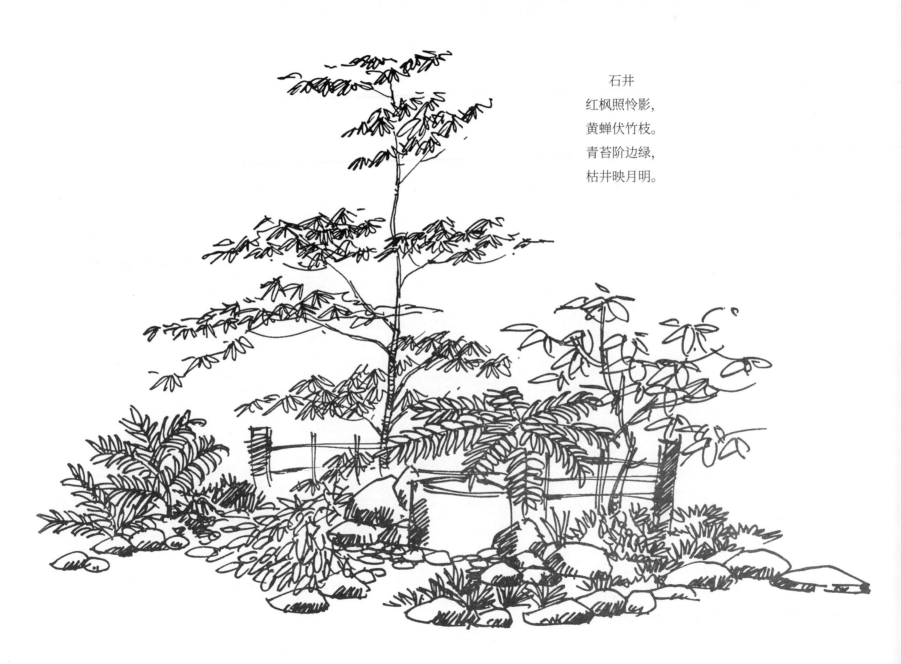

石井

红枫照怜影，

黄蝉伏竹枝。

青苔阶边绿，

枯井映月明。

思考与练习：如何绘制带有置石的植物景观效果图（范本）

用行道树限定空间的开合变化，细节刻画上注重变化和统一。

Chapter 3

水生植物篇

水生植物分类

水生植物是表现水景时必不可少的元素，或许你平时只知道荷花和睡莲，但水生植物品种丰富，形态更是丰富多彩。

挺水植物	浮叶植物	漂浮植物	沉水植物
荷花	芡实	槐叶萍	狐尾藻
花叶芦竹	睡莲	菱	苦藻
花叶水葱	荇菜	凤眼莲	水盾草
水生美人蕉	水鳖	浮萍	狸藻
再力花	莼菜	满江红	眼子菜
慈姑	萍蓬草	大藻	苦草
水芹	水皮莲	紫萍	金鱼草
芦苇	王莲	水禾	轮叶黑藻
旱伞草	水金英	水蕨	伊乐藻
香蒲		茶菱	

香蒲的画法

还记得当年红遍大江南北"植物大战僵尸"中的香蒲猫吗？香蒲的果实很像是烤肠。

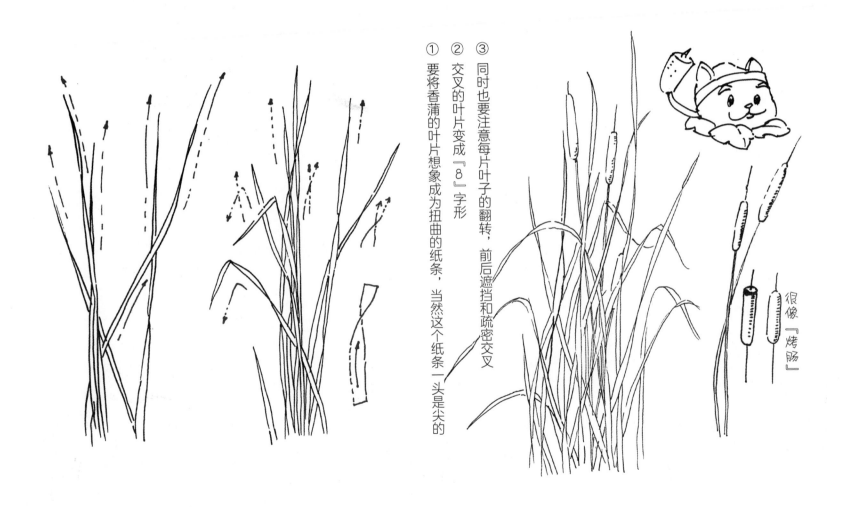

① 要将香蒲的叶片想象成为扭曲的纸条，当然这个纸条一头是尖的

② 交叉的叶片变成「8」字形

③ 同时也要注意每片叶子的翻转，前后遮挡和疏密交叉

很像「烤肠」

芦苇的画法

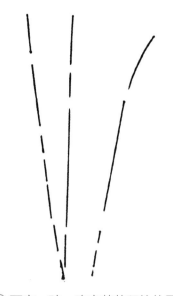

① 两密一疏，确定芦苇秆的位置

△ 用虚线或铅笔线起稿

△ 参照"兰花"的组合方式

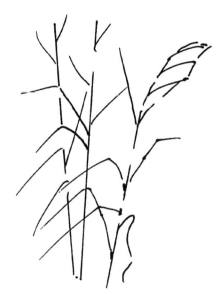

② 增加芦苇侧枝单线

△ 禾本科植物由于叶片狭长柔软
　要理解叶片的后折

△ 兰花一样的笔法

△ 四种常见的叶态

③ 补充勾勒叶形的轮廓

△ 加入芦苇的花絮

△ 从整体出发将侧枝的单线改成
　多线并注意前后穿插关系

i　　　ii　　　iii

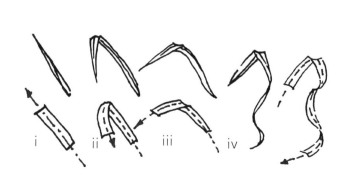

i　　ii　　iii　　iv

鸢尾的简单画法

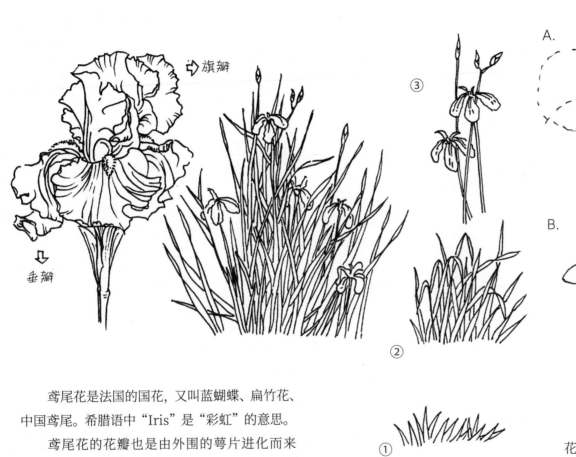

旗瓣

垂瓣

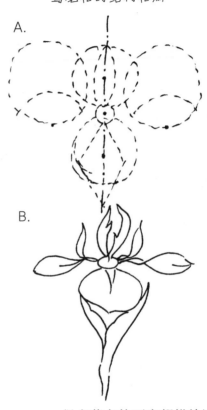

鸢尾花的结构花瓣

A.

B.

③

②

①

鸢尾花是法国的国花，又叫蓝蝴蝶、扁竹花、中国鸢尾。希腊语中"Iris"是"彩虹"的意思。

鸢尾花的花瓣也是由外围的萼片进化而来的，因此，花朵的整个形状酷似一只飞鸟。它的花语是"寓意爱意与吉祥"。

很多著名的画家都描绘过鸢尾花。梵高画过紫色鸢尾花，莫奈也画过吉维尼的花园中种植的鸢尾花。

鸢尾的终极画法

分层画法解析

i　　交叉前后关系

ii　　像芦苇的叶芽

iii　　"芦芽"

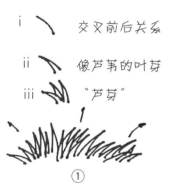

①

△ 掌握叶片基部的发射状朝向

△ 画的过程尽可能三两成组

后

前

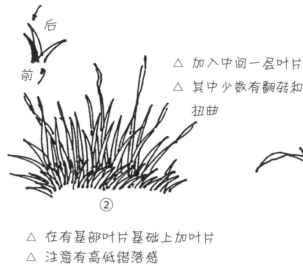

△ 加入中间一层叶片

△ 其中少数有翻转和

扭曲

②

△ 在有基部叶片基础上加叶片

△ 注意有高低错落感

拟对称

蝶形花瓣归纳

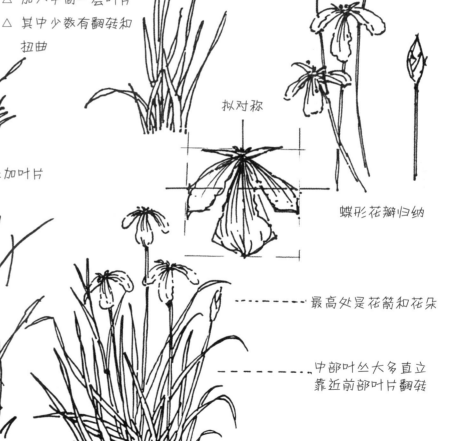

最高处是花箭和花朵

中部叶丛大多直立
靠近前部叶片翻转

基部幼叶、叶芽

节奏与韵律

1 1 3 2 2 2 1

1 1 3 2 2 2 1

水生植物的画法

荷

花叶芦竹

花叶水葱

荷叶的画法

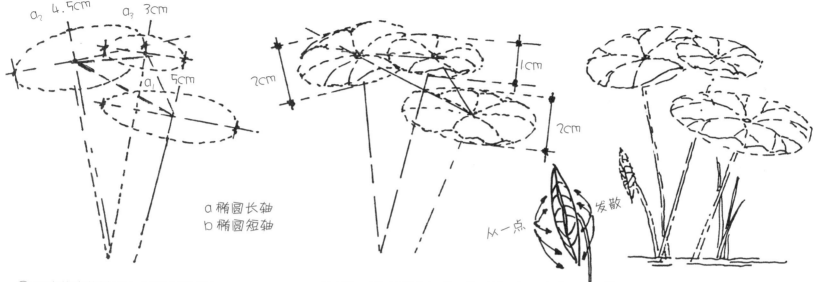

a 椭圆长轴
b 椭圆短轴

从一点   发散

① 用直线定位椭圆中心和长短半轴

△ 在构图时严格按照不等边三角形法则

△ 画时想象为三个盘子或者油饼

② 增加叶脉的凹凸细节，使叶片更加具有立体感

△ 基本保证平均圆周5等分，用弧线连接，弧线尽量流畅

△ 可以先定位5个点，随后加线

③ 加入环境配景营造水生植物气氛

△ 在原有的叶脉基础上加上分枝，不要太多

△ 加入小而未开的荷叶

△ 加入翻卷荷叶边

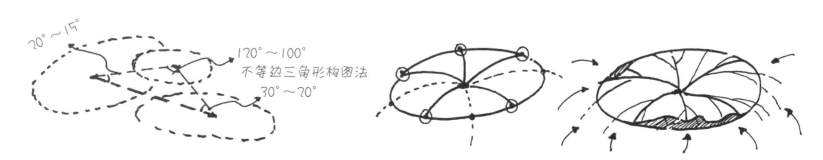

70°～15°

170°～100°
不等边三角形构图法
30°～20°

荷花和荷叶的画法

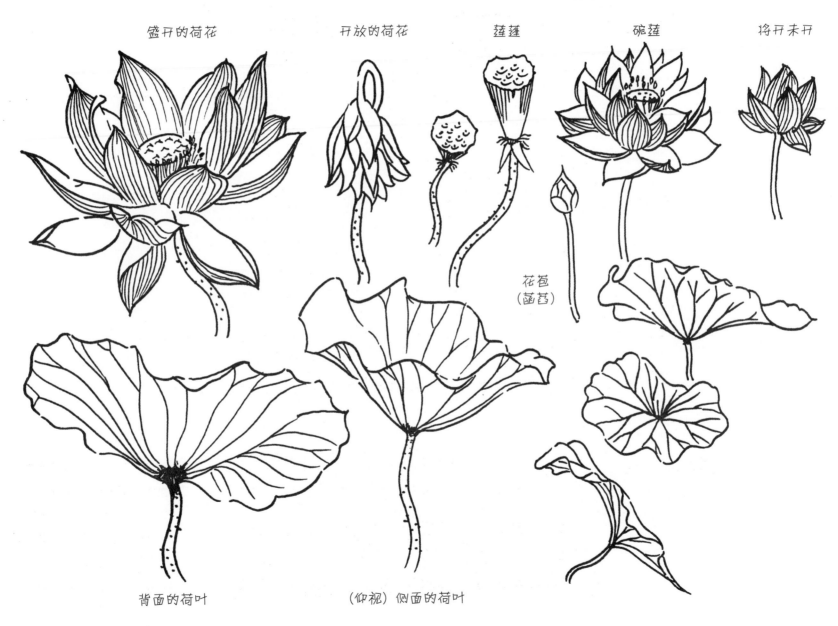

盛开的荷花　　　　　开放的荷花　　　莲蓬　　　　碗莲　　　将开未开

花苞
(菡萏)

背面的荷叶　　　　　(仰视) 侧面的荷叶

　　用仰视的角度来描绘荷叶田田的感觉，营造一种神秘的归属感，逆光的感觉透出一片静谧而又祥和的幽绿；卡通形象的出现更能凸显空间场所的指示性与围合感。

睡莲的简单画法

睡莲叶片的透视角度

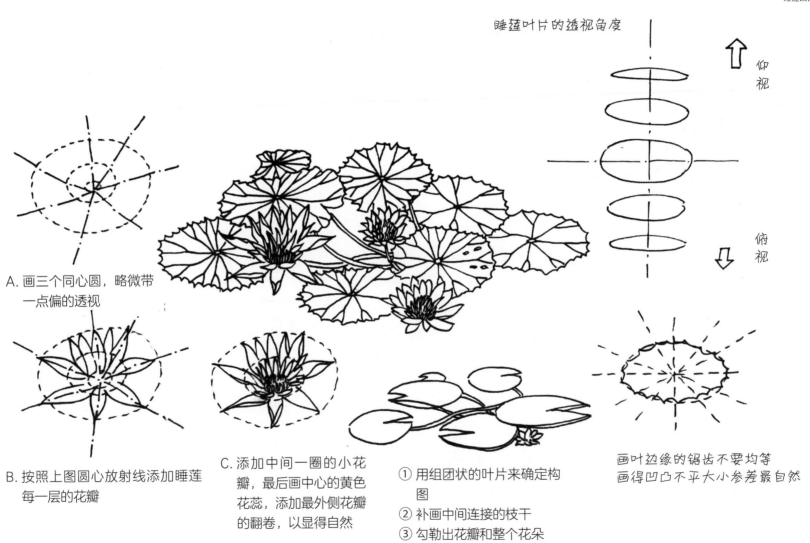

仰视

俯视

A. 画三个同心圆，略微带一点偏的透视

B. 按照上图圆心放射线添加睡莲每一层的花瓣

C. 添加中间一圈的小花瓣，最后画中心的黄色花蕊，添加最外侧花瓣的翻卷，以显得自然

① 用组团状的叶片来确定构图
② 补画中间连接的枝干
③ 勾勒出花瓣和整个花朵

画叶边缘的锯齿不要均等画得凹凸不平大小参差最自然

睡莲的终极画法

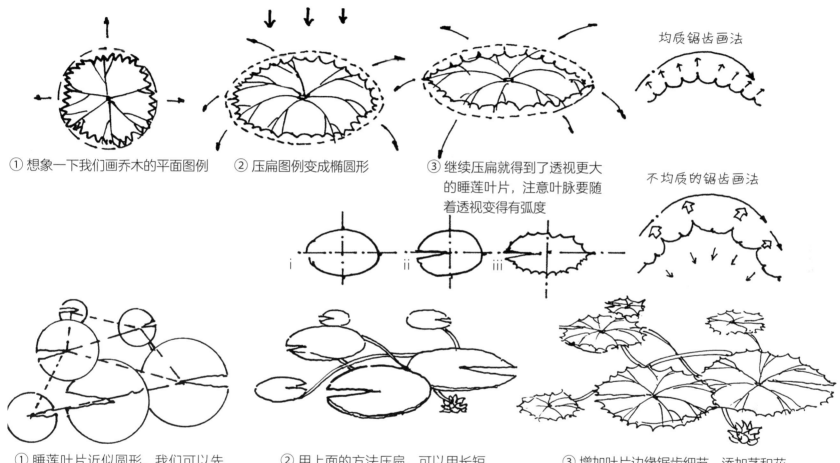

① 想象一下我们画乔木的平面图例

② 压扁图例变成椭圆形

③ 继续压扁就得到了透视更大的睡莲叶片，注意叶脉要随着透视变得有弧度

均质锯齿画法

不均质的锯齿画法

① 睡莲叶片近似圆形，我们可以先画出顶视图，控制睡莲组团的间距大小
△ 从空中俯瞰叶片的排布
△ 圆心连线依旧遵循不等边三角形原则进行组合构图

② 用上面的方法压扁，可以用长短轴辅助定位
△ 要表现出叶片的厚度，少量的叶片要有翻转

③ 增加叶片边缘锯齿细节，添加茎和花

王莲的画法

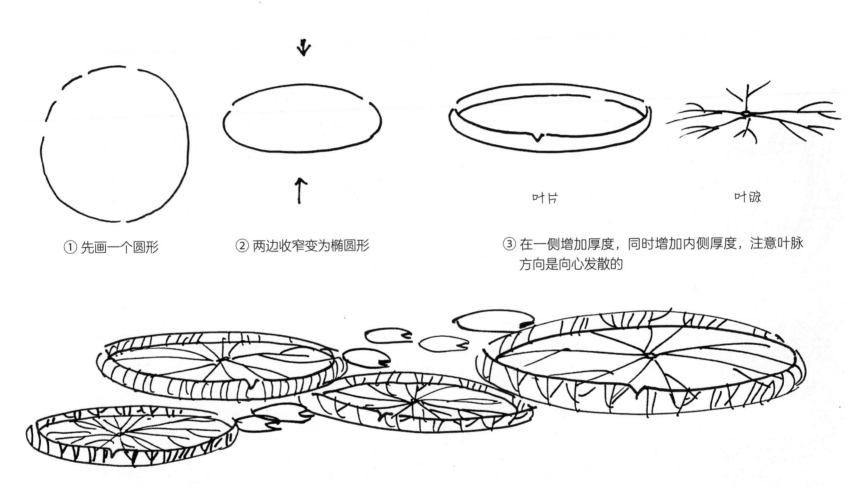

① 先画一个圆形

② 两边收窄变为椭圆形

③ 在一侧增加厚度，同时增加内侧厚度，注意叶脉方向是向心发散的

叶片

叶脉

④ 三三两两，按照不等边三角形构图法则，组合构成画面，同时增加王莲叶脉和圆圈式的小荷叶细节来烘托气氛

小尺度水景花园表现

小尺度花园中软景的表现主要是通过不同植物组合形式和自身姿态的变化来进行设计。不同疏密线条的变换和不同质感的叶型要相匹配，这种表现方式的概括需要大量仔细的观察。

白桦树

山茱萸

莎草

大叶吴风草

黑色卵石

沿阶草

王莲场景表现

线状瀑布跌落

吸水石（石
灰岩、火
山石）

水生
鸢尾

香蒲

芦苇场景表现

通过蜿蜒曲形的景观桥将不同的区域和水面联系起来, 前景植物透过芦苇丛要分组来画, 必须要有细节刻画。
远处景物可以只画轮廓, 冷杉要尽可能少刻画, 两只小鸭子从外向内游来。

荷花场景表现

荷花在场景中往往是成片出现的状态，因此，在描绘时一定要注意多概括才是关键，要多去用眼睛对比，所以小蚁君的建议是靠近湖边的画得多一些密一些。湖中可以留白，这样空间界定感通过对比呈现出来。

水景植物湿地效果

　　在绘制水景植物时要根据实际场景中的透视感和场景的变化来感受湿地景观植物和植被的多样性，从近景的水生蒲草到远处的高大乔木。

思考与练习：如何绘制水生植物景观效果图（范本）

水生植物这种属于河岸景观带的效果，两边有较为高大通透的乔木，而沿着水边则是有很多水生植物来进行装饰。

Chapter 3

藤蔓植物篇

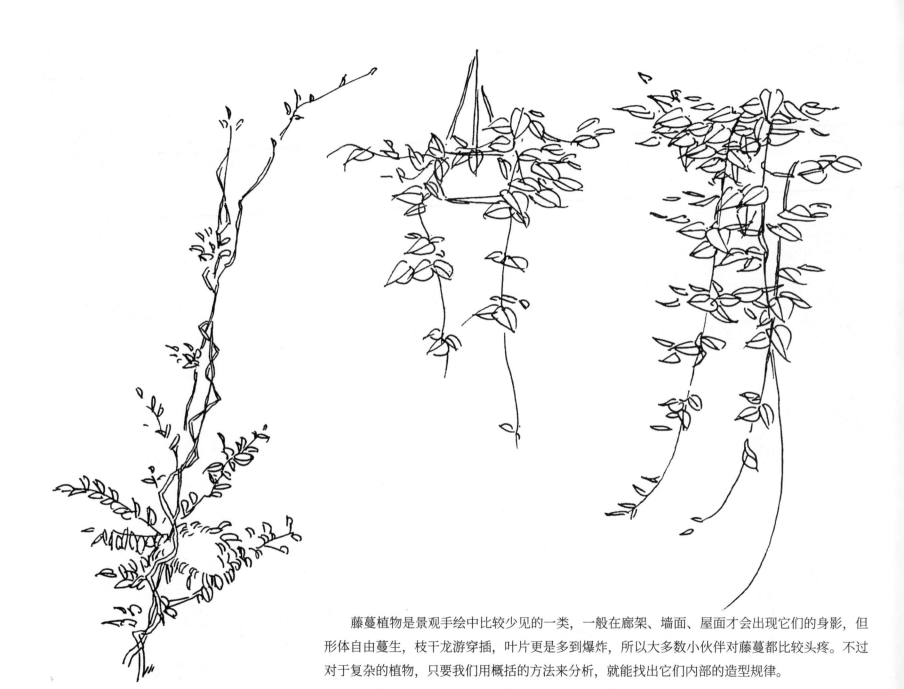

　　藤蔓植物是景观手绘中比较少见的一类，一般在廊架、墙面、屋面才会出现它们的身影，但形体自由蔓生，枝干龙游穿插，叶片更是多到爆炸，所以大多数小伙伴对藤蔓都比较头疼。不过对于复杂的植物，只要我们用概括的方法来分析，就能找出它们内部的造型规律。

绿萝的画法要点

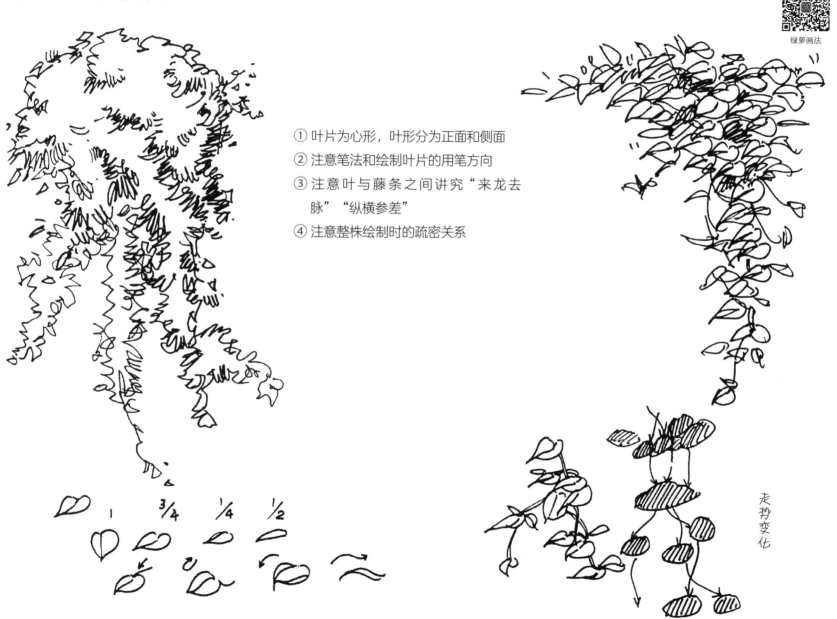

① 叶片为心形，叶形分为正面和侧面

② 注意笔法和绘制叶片的用笔方向

③ 注意叶与藤条之间讲究"来龙去脉""纵横参差"

④ 注意整株绘制时的疏密关系

3/4　　1/4　　1/2

走势变化

绿萝的画法

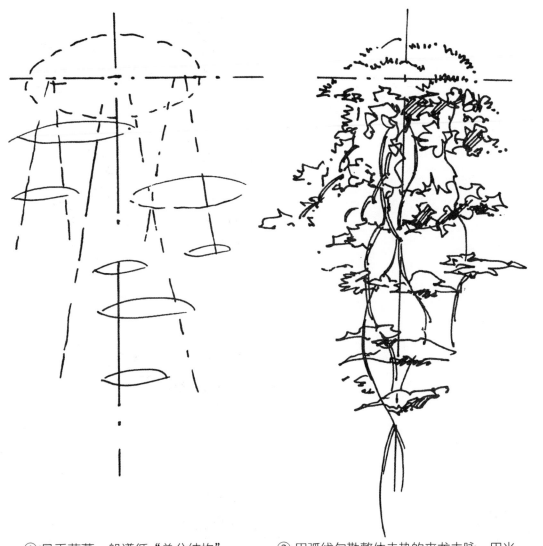

饱满的心形叶

平躺的"S"形

① 悬垂藤蔓一般遵循"总分结构"
和"组团化分层"

② 用弧线勾勒整体走势的来龙去脉，用光
影和大的体积来概括归纳叶丛的疏密，
总体布局为"顶部密，下部分散"

③ 如果需要用叶片表现，注意叶片的穿
插、参差、呼应、避让

紫藤的画法

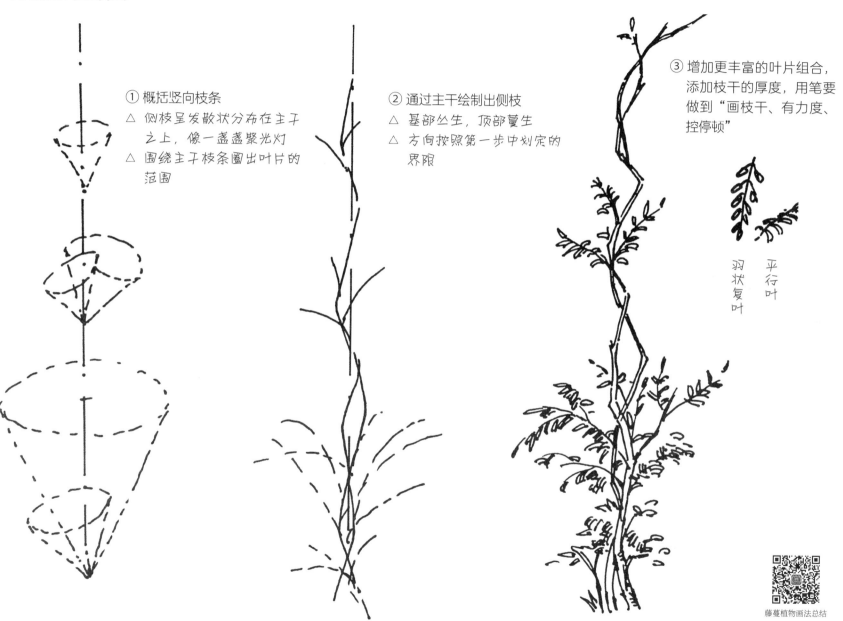

① 概括竖向枝条
△ 侧枝呈发散状分布在主干之上，像一盏盏聚光灯
△ 围绕主干枝条圈出叶片的范围

② 通过主干绘制出侧枝
△ 基部丛生，顶部蔓生
△ 方向按照第一步中划定的界限

③ 增加更丰富的叶片组合，添加枝干的厚度，用笔要做到"画枝干、有力度、控停顿"

羽状复叶

平行叶

藤蔓植物画法总结

凌霄的简单画法

① 确定整株凌霄的走势
② 仔细观察这种藤蔓叶片的形状，相对较长的卵
　 圆形
③ 组合成一根垂藤

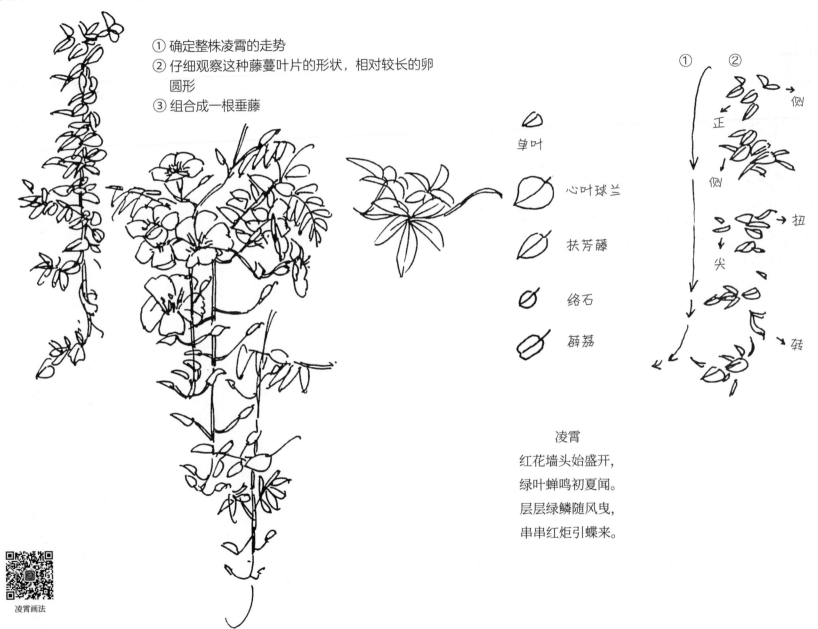

单叶

心叶球兰

扶芳藤

络石

薜荔

①　②

侧

正

侧

扭

尖

转

凌霄
红花墙头始盛开，
绿叶蝉鸣初夏闻。
层层绿鳞随风曳，
串串红炬引蝶来。

凌霄画法

常春藤的画法

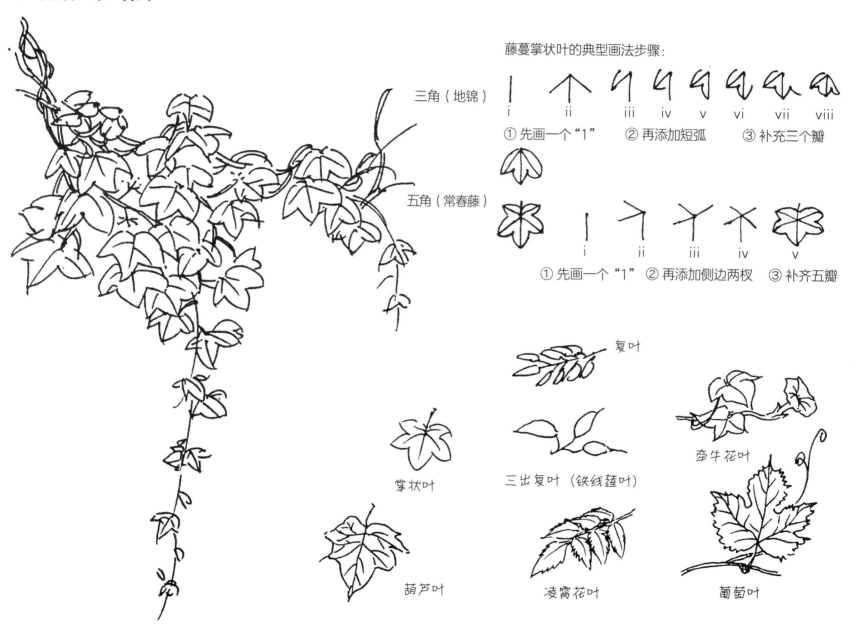

藤蔓掌状叶的典型画法步骤：

三角（地锦）

i   ii   iii   iv   v   vi   vii   viii

① 先画一个"1"   ② 再添加短弧   ③ 补充三个瓣

五角（常春藤）

i   ii   iii   iv   v

① 先画一个"1"   ② 再添加侧边两杈   ③ 补齐五瓣

复叶

掌状叶

三出复叶（铁线莲叶）

牵牛花叶

葫芦叶

凌霄花叶

葡萄叶

老藤枝条的缠绕方向是顺从植物依下向上的生长方向有疏密变化进行绘制，技巧是在两个枝条的边缘颜色要深，因此划线时密度要大，这样符合圆柱体的受光特征。

eg.

密疏密

喜林芋是一种常见大型藤本，叶型酷似大叶绿萝，枝条没有木质化。

紫藤是豆科植物，叶片是复叶，描绘时必须按照生长规律分组进行刻画，注意疏密变化，这也是绘画构图经营的一种基本理念。

藤蔓细节

喜林芋

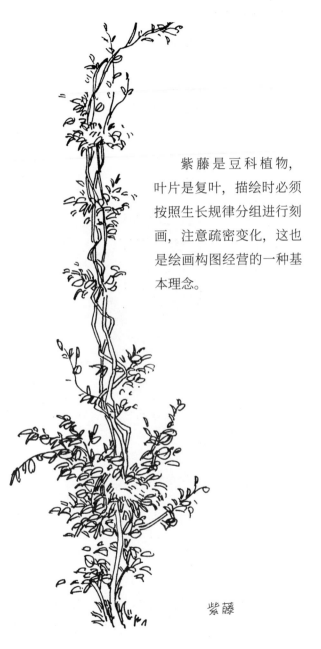

紫藤

藤蔓表现

  藤蔓植物自身的特征必须依附于廊架或小型的建筑物之上，一般在设计和布局时将藤蔓安置在角落里，让它沿着建筑的结构支撑向上攀援，其中月季和蔷薇是使用最为广泛的两种植物。另外还有铁线莲，被欧洲人在花园拱门造景中誉为"开花的机器"而备受青睐。

在植物园景观营造中，很多兰科植物或高山植物必需要有一些特殊的环境气候。所以在专类园中的外部大厅可以设置很多葡萄藤架，在观赏同时还可以成为生产性景观。葡萄也可以成为植物园专类园的一个景观衍生品和特色产品。

植物园中的热带雨林馆以收集各种雨林植物为主。这些兰科植物多数具有发达的气生根，而这里温室中往往具有高湿的特点，有生长在树皮之上的兰叫附生、腐生和气生兰，总共分为三类。我们常见的蝴蝶兰也属于附生兰花的种类。

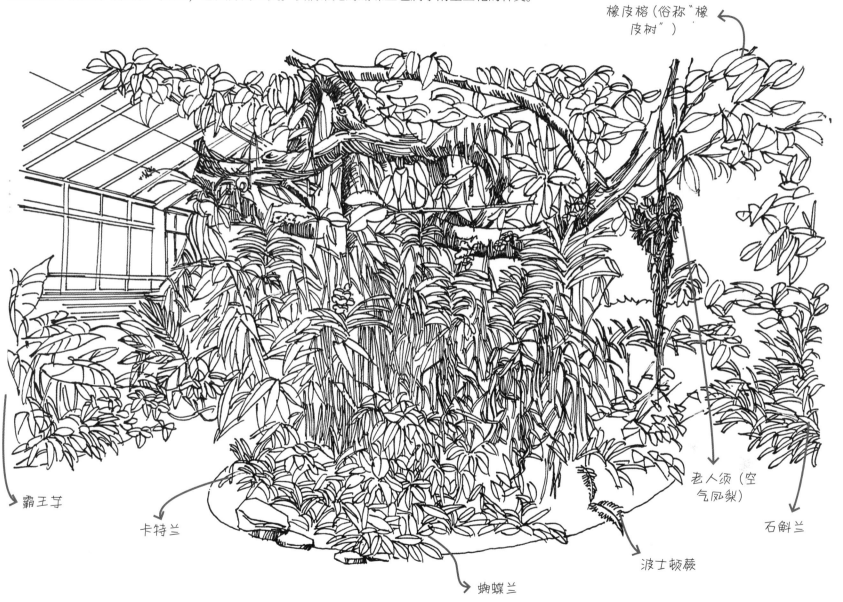

橡皮榕（俗称"橡皮树"）

霸王芋

卡特兰

蝴蝶兰

波士顿蕨

老人须（空气凤梨）

石斛兰

若是要表现乡村田园风格，与木质墙面还有粉蓝色门扇最为混搭的就是牵牛花这种藤本植物。疏密关系在控制时也尤为重要，在植物学中植物的叶片会随着光线的角度来寻找位置，使得互相不遮挡，这在初中生物学称为"叶镶嵌"，为营造田园氛围，一些简单的农具和园艺资材更加能够增添生活情趣。

紫藤和凌霄在现代庭院中应用甚广。欧美庭园中常常设置有餐饮烧烤区，在廊架上往往种植紫藤和凌霄也是为了形成更好的荫蔽效果，在绘制时不必要全描绘，增加主要枝干和花朵便可。周边用高篱圆柏或冷杉形成半围合空间。

思考与练习：怎样绘制带有立体绿化的藤蔓植物效果图场景（范本）

在立体绿化的廊架中，人的加入是一个比例的参照物。廊架的高度是 3 米左右。

Chapter 5

热带植物篇

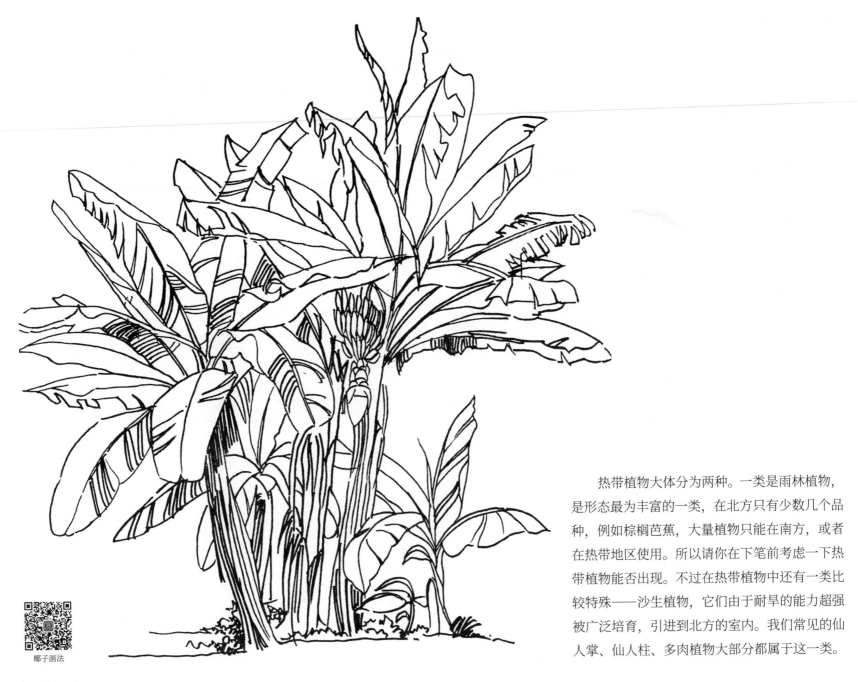

椰子画法

热带植物大体分为两种。一类是雨林植物，是形态最为丰富的一类，在北方只有少数几个品种，例如棕榈芭蕉，大量植物只能在南方，或者在热带地区使用。所以请你在下笔前考虑一下热带植物能否出现。不过在热带植物中还有一类比较特殊——沙生植物，它们由于耐旱的能力超强被广泛培育，引进到北方的室内。我们常见的仙人掌、仙人柱、多肉植物大部分都属于这一类。

椰子的画法

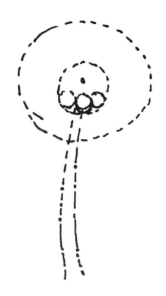

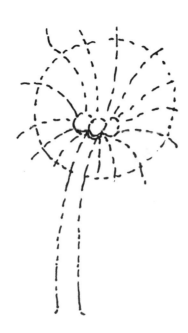

① 用两条线确定树干的位置

△ 基部较宽，接近树枝顶部汇集

△ 三颗果实，高低参差不齐，整体
　与一个同心圆保持相切关系

② 画出叶和枝干

△ 保持从中心向四周发散
　的大致趋势和布局

③ 补充椰树的叶片细节

△ 树冠外轮廓像个"棒棒糖"

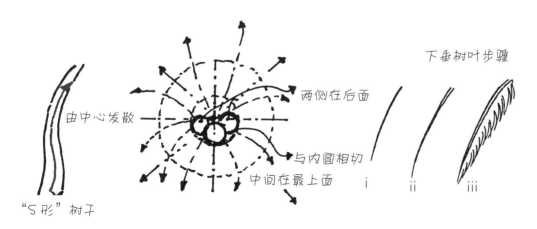

下垂树叶步骤

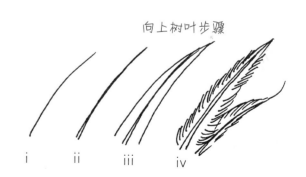

向上树叶步骤

桫椤的画法

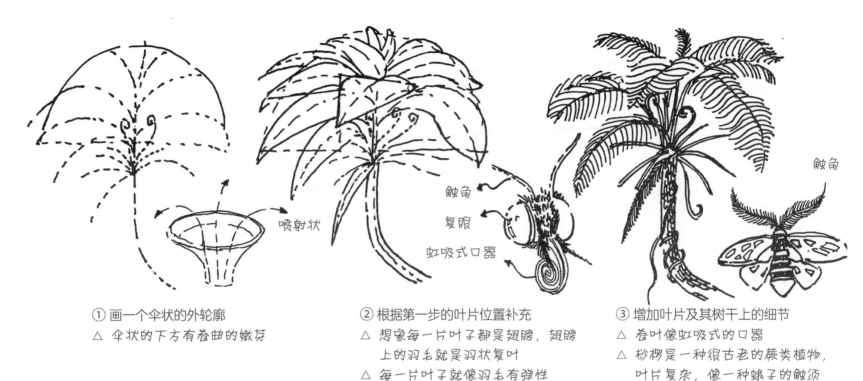

① 画一个伞状的外轮廓

△ 伞状的下方有卷曲的嫩芽

② 根据第一步的叶片位置补充

△ 想象每一片叶子都是翅膀，翅膀上的羽毛就是羽状复叶

△ 每一片叶子就像羽毛有弹性

③ 增加叶片及其树干上的细节

△ 卷叶像虹吸式的口器

△ 桫椤是一种很古老的蕨类植物，叶片复杂，像一种蛾子的触须

触角
复眼
虹吸式口器
喷射状
触角

伞
喷泉
羽毛状
一波三折
卷曲式口器酷似"蕨芽"

霸王芋的画法

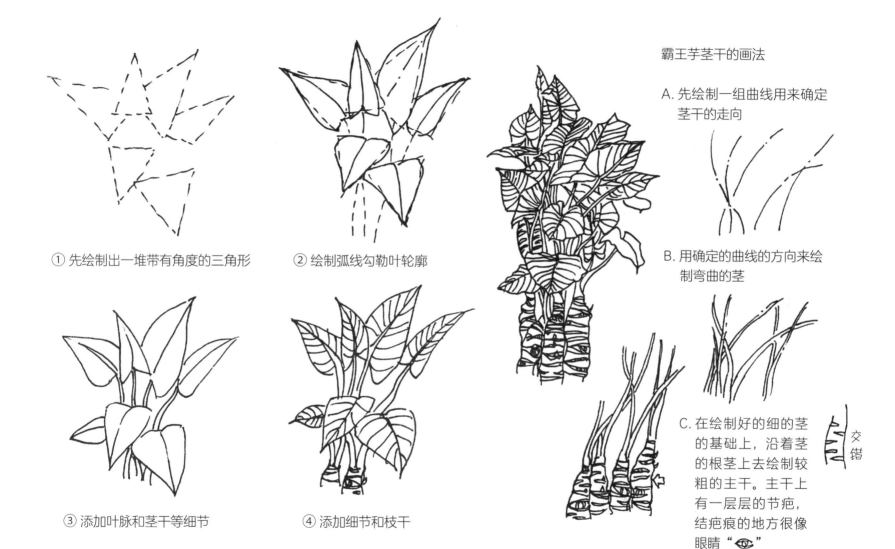

① 先绘制出一堆带有角度的三角形

② 绘制弧线勾勒叶轮廓

③ 添加叶脉和茎干等细节

④ 添加细节和枝干

霸王芋茎干的画法

A. 先绘制一组曲线用来确定茎干的走向

B. 用确定的曲线的方向来绘制弯曲的茎

C. 在绘制好的细的茎的基础上，沿着茎的根茎上去绘制较粗的主干。主干上有一层层的节疤，结疤痕的地方很像眼睛 "👁"

交错

秋海棠的画法

① 画交叉的长等腰三角形一堆，三三两两一组

秋海棠花的结构

A. 像两片豆芽菜的豆瓣

B. 用点画线来定花朵的中心，画出花朵的花萼和苞片

② 添加主要的叶脉和穿插的茎干，要注意"来龙去脉"呼应关系

C. 用双线勾勒出花丝部分

D. 画起来很像平时吃到的姑娘果的外壳，也酷似大蒜瓣

Like ME!

i. 画卵圆形花朵基部

ii. 从倒钟状的基部中开放数枚花瓣

iii. 卵圆形基部具有四条棱状翅

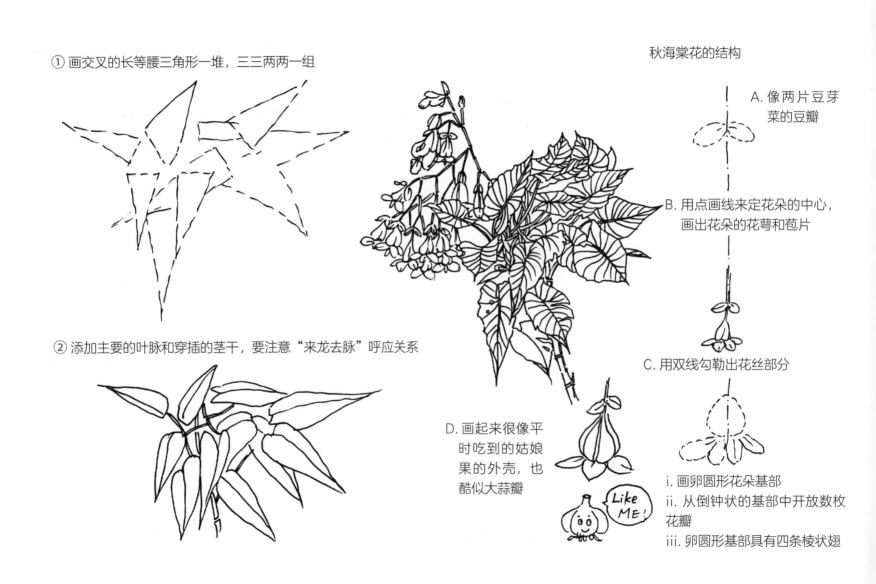

芭蕉的画法

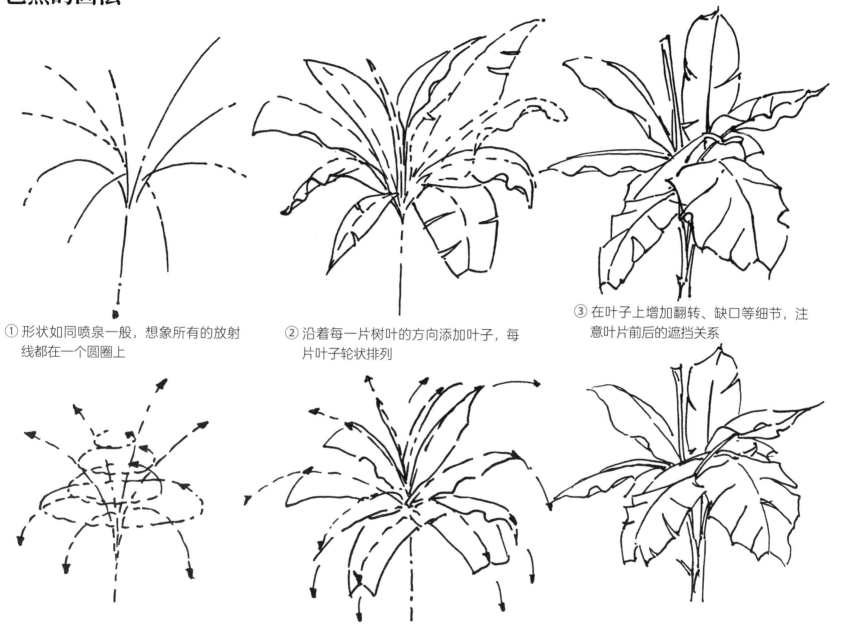

① 形状如同喷泉一般，想象所有的放射
　 线都在一个圆圈上

② 沿着每一片树叶的方向添加叶子，每
　 片叶子轮状排列

③ 在叶子上增加翻转、缺口等细节，注
　 意叶片前后的遮挡关系

芭蕉叶片的各种姿态

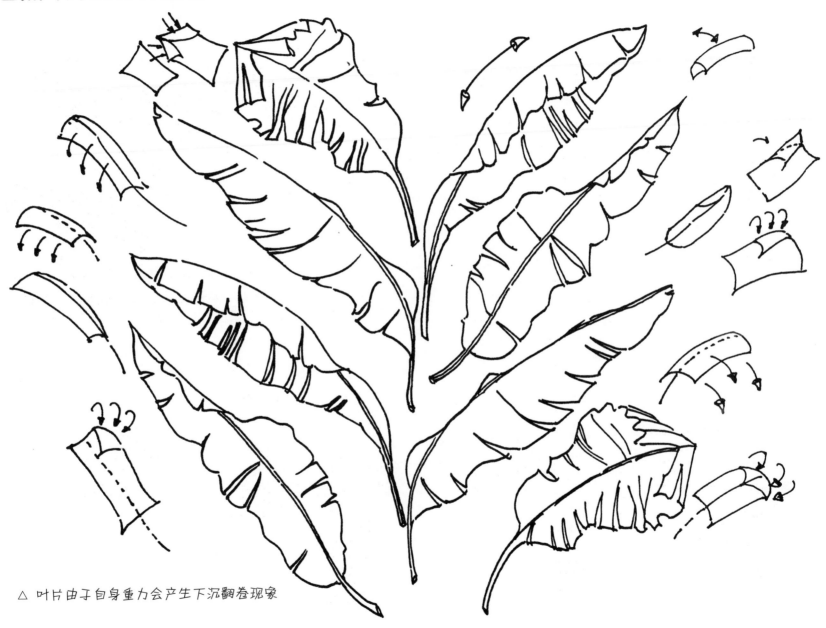

△ 叶片由于自身重力会产生下沉翻卷现象

仙人掌的简单画法

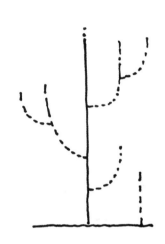

① 画出植物主干线条，确定分枝的位置

② 增加两侧的线条，想象它是柱体

③ 添加竖向的侧棱，褶皱的侧棱

④ 增加花朵和果实，增加棱座上的刺 "✳" "✕"

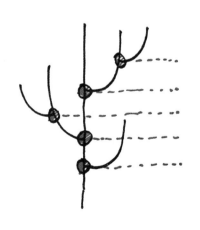

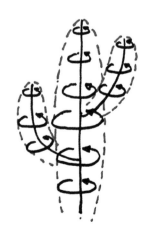

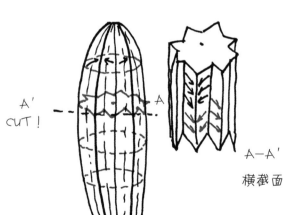

A′
CUT !

A

A—A′
横截面

球形

仙人掌的画法

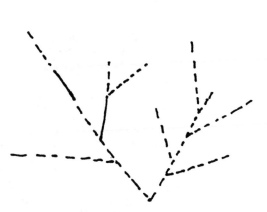

① 绘制树状分枝骨架
△ 分枝点不要重合在同一点
△ 枝条夹角小于60°
△ 一边疏，一边密，构图均衡

② 增添叶片轮廓，叶片单元为卵圆形
△ 头部叶片较小
△ 底部叶片短而饱满
△ 绘制时要有穿插关系

③ 增加刺、花、果实细节
△ 刺的画法概括为"人、×、火、米"
△ 可以添加配景岩石和草表达环境

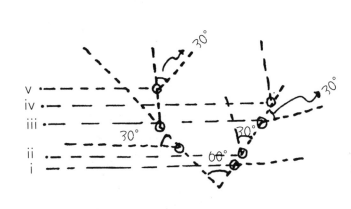

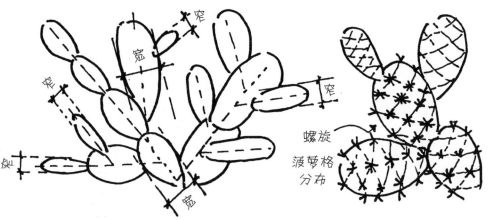

芦荟 & 龙舌兰的画法

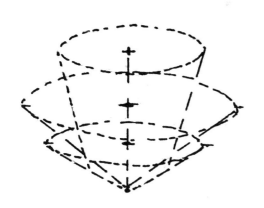

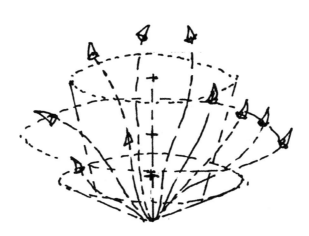

① 绘制杯子状的三层结构

△ 聚焦在一个底座之上

△ 底层的角度为 170°，中层角度为
   90°，上层角度为 30~60°

② 按照每层的角度限制绘制叶片走向

△ 注意空间上的前后关系

△ 每一层选取最有代表性的三片

△ 组成一轮叶片

③ 按照生长方向画出叶片轮廓

△ 叶片为一头尖的卵圆形

△ 用笔要稳，下笔画弧线要流畅

△ 画出陶盆等配景

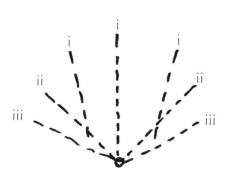

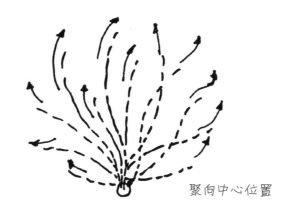

聚向中心位置

叶片基部膨大

蒲葵的画法

① 画出所有枝干的走向
△ 总体为一束，发散到各个角度

② 在每一根枝条的末端上画出圆形的叶片轮廓
△ 注意不同角度圆形的透视变化

③ 没有展开的嫩叶可以想象成收起来的雨伞，呈束状，打开的叶片犹如展开的扇面
△ 用单线勾出叶子的走势

④ 增加细节，包括叶片的反转和朝向
△ 要把每一片叶子当做一个圆盘看待，所有的叶都在圆上排列着

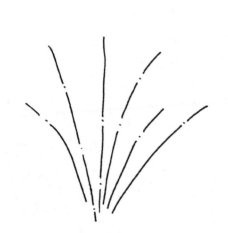

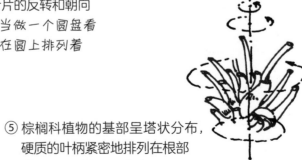

⑤ 棕榈科植物的基部呈塔状分布，硬质的叶柄紧密地排列在根部
△ 绘制时要错层呈宝塔状

旅人蕉的画法

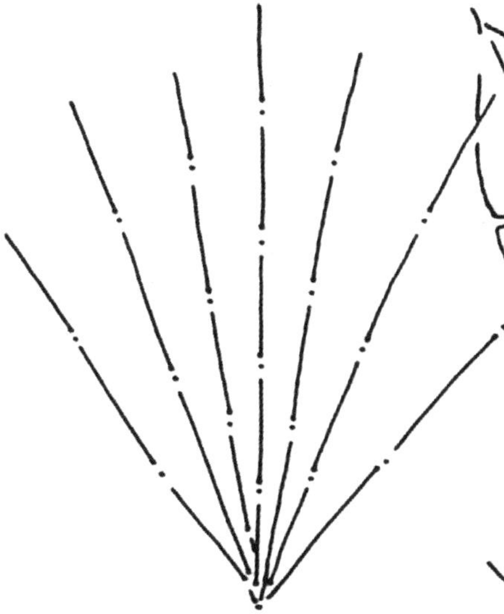

① 用放射线来定位每片叶子的方向

△ 注意不要绘制得过于平均

△ 长短疏密要有变化

△ 根部尽量交错开来，不要汇聚于一点

② 放大根部细节，使用鱼骨形交
错排列，添加叶片轮廓线

③ 增加叶脉的平行脉和花朵

△ 花朵像飞鸟

①

②

③

南方常见植物立面

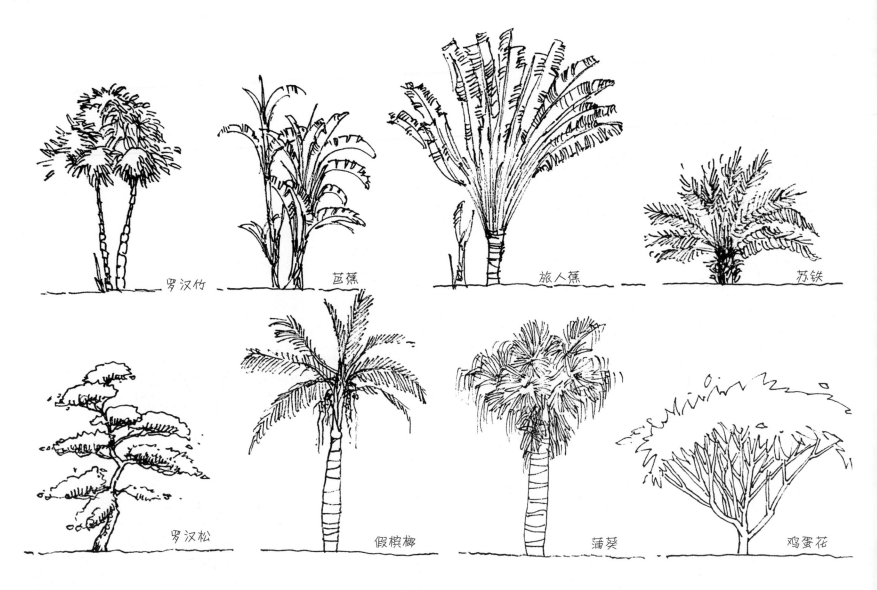

罗汉竹　　　芭蕉　　　旅人蕉　　　苏铁

罗汉松　　　假槟榔　　　蒲葵　　　鸡蛋花

国王椰子　　　　　　枣椰树　　　　　　散尾葵　　　　　　露兜树　　　　　棕竹　　　　蒲葵

热带植物表现

构图与叶形归纳

　　热带植物园中大多数植物均为棕榈科树种，有着非常硬而厚实的叶片；树干高大但并没有冠幅，因此能够抵御大的台风和亚热带强降水的侵害。前景有宽大叶片的龙舌兰，同时龙舌兰也可以酿酒。

水生热带植物注重层次，近景着重刻画叶片，远景注重整体感。

鸡蛋花

旅人蕉

远山

龙舌兰

石磨

碎石驳岸

大叶龙舌兰

热带植物的一大特色是各种植物形态不同。龙舌兰具有像舌头一样的叶片，中间的仙人柱能够在众多植物中突出出来，它的竖向线条很适合作为一个视觉焦点配置在路的转弯或尽头。

　　热带植物温室中常常选择具有特色的植物，比如，酒瓶椰子。竖向的花坛的尺度也适应人的使用，前景配置了凤梨，顶上运用很多枯木藤条生长了空气凤梨和一些兰科植物。

北美植物多数是多肉多浆植物，但是在设计和配置时一定要疏密分开，要把圆形的仙人掌和竖向线条的仙人柱区分开，利用线条的疏密变化和不同组团形态。

各种不同的仙人掌植物的形态千奇百怪，为适应干旱沙生环境，中央一般都会设计出一个肾形水池，在降温的同时也能为整体小环境增加湿度。

墨西哥海滩上，手拿吉他，静静地看着落日余晖。画这种手绘首先应当寻找身处骄阳烈日的热带气候的氛围感觉。

思考与练习：如何绘制热带植物景观效果图（范本）

　　热带植物以棕榈科为主，形态特征具有高大的树干，冠幅不大，能够抵御强对流天气对于乔木的直接伤害。

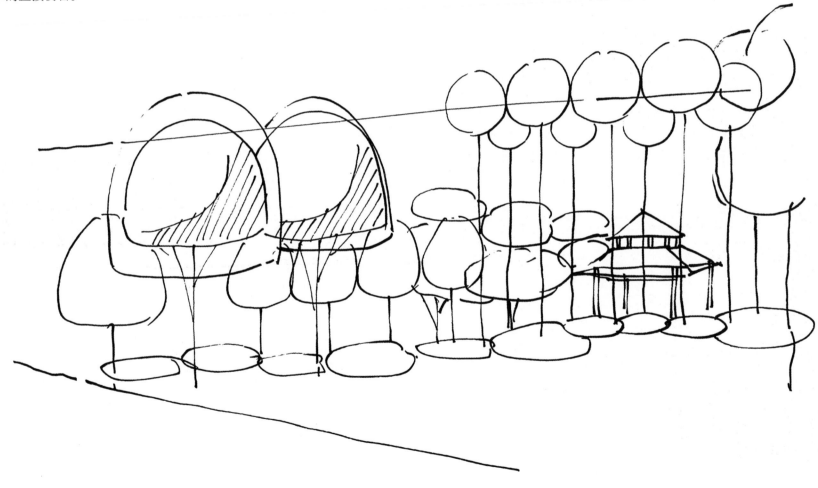

Chapter 6

室内植物篇

室内植物表现的不仅仅是植物的画法，适合的容器，搭配的室内装潢，大部分室内植物都是观叶的，所以各种叶形的画法就成了室内植物的重中之重。这章我将教大家最常见的几种室内植物的画法和场景的综合应用。

琴叶榕　　　　　　　　　天堂鸟

花叶橡皮榕

孔雀竹芋

苹果叶竹芋

油画叶竹芋

白掌的画法

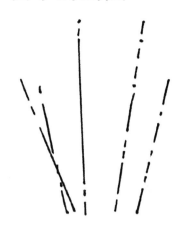

① 先用植物的花茎来定位

△ 白掌的花朵酷似"风帆",
  因此得名"一帆风顺"

△ 三根靠近一些,两根疏远些

② 添加叶片的长叶柄和枝条

△ 叶片排列类似喷泉或烟花

△ 添加至少两层叶片

③ 勾画叶片的轮廓

△ 用圆弧勾勒"风帆"状的花朵

△ 增加盆器,使整体感更强

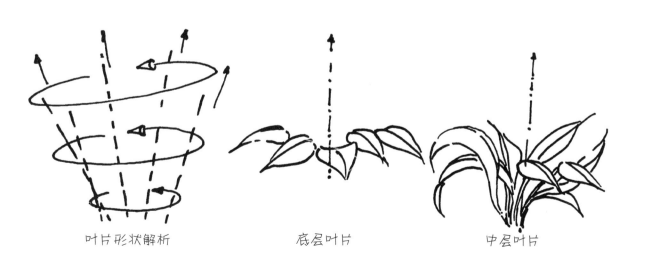

叶片形状解析　　　　　底层叶片　　　　　中层叶片

背景叶片

龟背竹的画法

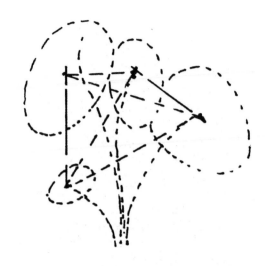

① 龟背竹叶片比较大，像乌龟的脊背

△ 叶片上有很多孔洞

△ 叶片的分布在绘制时要进行不等
　边三角形的排列组合，对实际的
　叶片加以取舍

② 可以把叶片想象成"面具"，这样
　可以凸显叶片的立体感

△ 叶片凸出的方向反映了朝向

△ 茎干的分布也需要适当地取舍

③ 增加气生根和叶脉细节

△ 添加叶片上的孔洞

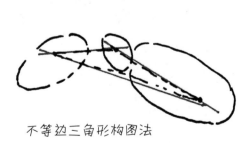

不等边三角形构图法

哈！好恐怖！

想象成人脸

好像我的龟壳哦~

龟甲

琴叶榕的画法

叶片的细节图

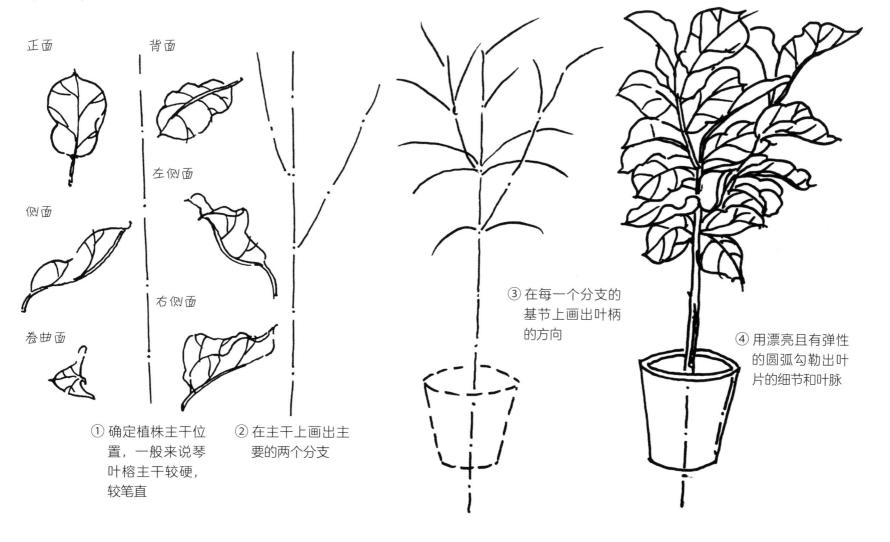

正面　　　背面

侧面　　　左侧面

右侧面

卷曲面

① 确定植株主干位置，一般来说琴叶榕主干较硬，较笔直

② 在主干上画出主要的两个分支

③ 在每一个分支的基节上画出叶柄的方向

④ 用漂亮且有弹性的圆弧勾勒出叶片的细节和叶脉

虎尾兰的画法

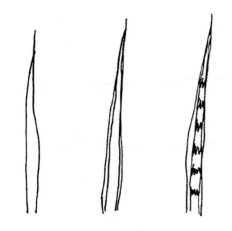

一束（三根或三根以上）集中于同一个生长点

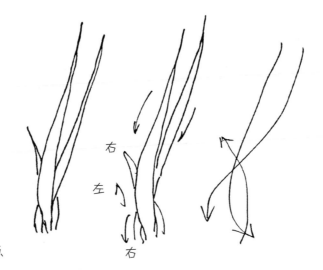

右
左
右

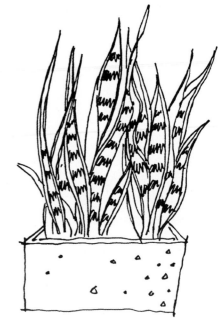

棒叶虎尾兰（棍棒状叶型）

白色虎尾兰（郁金香叶片）

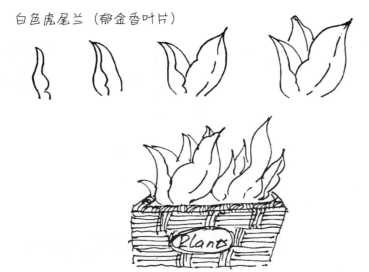

美人辫虎尾兰

仙人掌的表现

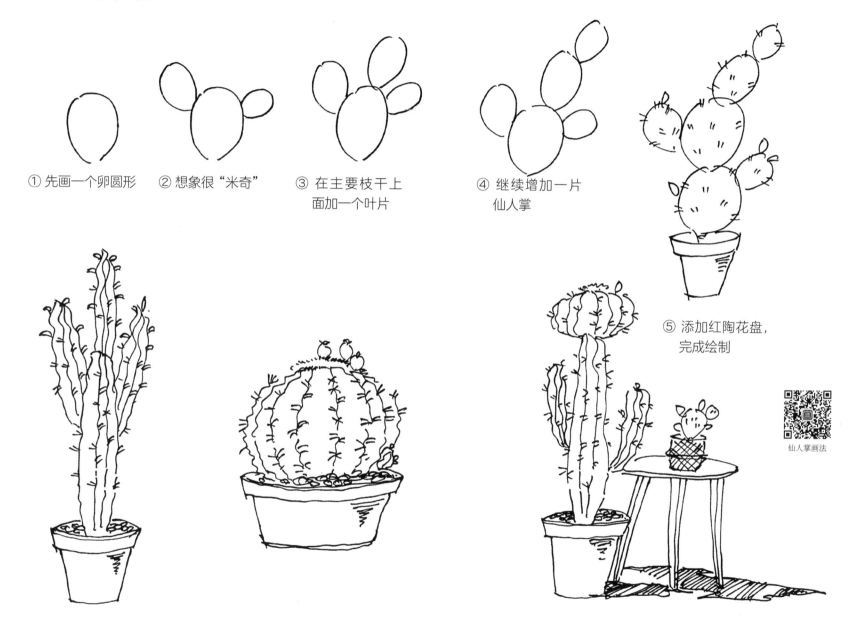

① 先画一个卵圆形

② 想象很"米奇"

③ 在主要枝干上面加一个叶片

④ 继续增加一片仙人掌

⑤ 添加红陶花盘，完成绘制

仙人掌画法

仙人掌科的植物在绘制时可以放松地利用速写的曲线来描绘，用以表现仙人掌植物刺座的波折。仙人掌有的是三棱，有些是五棱，新生的顶端一般会生出小叶片，老的叶片脱落变为刺。

将军柱

量天尺

秀菩柱仙人掌嫁接仙人球

大凤龙

龙骨

蓝棱柱

"蓝镜"仙人掌

10 种常用室内植物画法

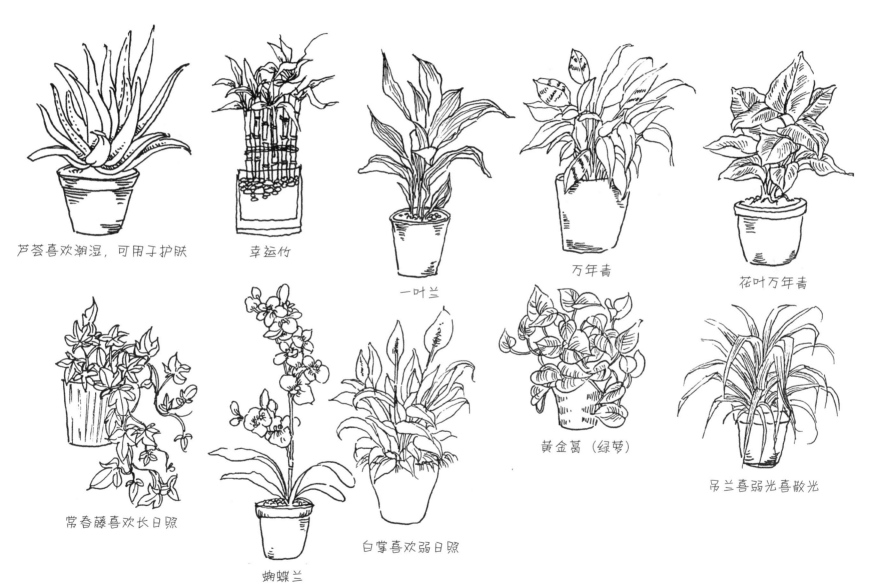

芦荟喜欢潮湿，可用于护肤

幸运竹

一叶兰

万年青

花叶万年青

常春藤喜欢长日照

蝴蝶兰

白掌喜欢弱日照

黄金葛（绿萝）

吊兰喜弱光喜散光

INS 风室内网红植物

矮脚金边虎尾兰

白玉虎尾兰

美人辫虎尾兰

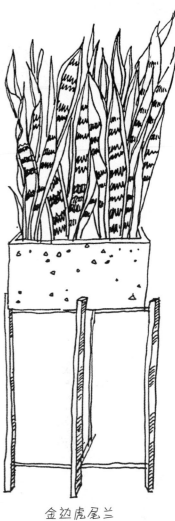

金边虎尾兰

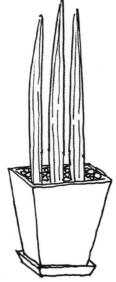

佛前香虎尾兰

佛手虎尾兰

泰国香蕉叶虎尾兰

室内植物表现

龟背竹
似竹非竹节节高，
叶如龟甲绿华盖。
南国河溪茂密生，
北方庭院假山旁。
花似白掌果红珠，
室内盆栽网红风。

龟背竹画法

在室内软装中常常需要运用绿色植物作为材料美化激活空间，让室内显得更加具有生命力和生气。这些室内植物大多数绿植的原则是不占平面而多占竖向空间，形态瘦方或近些年流行的修剪成棒棒糖造型。

琴叶榕

雪铁芋（金钱树）

翠竹

折叠木椅

芦荟

龟背竹

书房一般是室内房间中光线较充足的空间，可以选择一些喜散光的室内植物来进行软装设计。

绿萝

千叶吊兰

虎皮兰

紫叶椒草

黄金葛

黄金葛爬满了雕花的门窗，斜阳映在斑驳的砖墙，铺着榉木板的室内弥漫着姥姥当年酿的豆瓣酱的味道。

碧雷鼓

书房置物架一瞥

室内植物多是非常耐阴或散光的大叶片植物。做室内软装的原则是尽可能地利用空间来进行搭配和布置，盆子的质地颜色不要太重，可以与室内壁布和地板形成呼应对比。

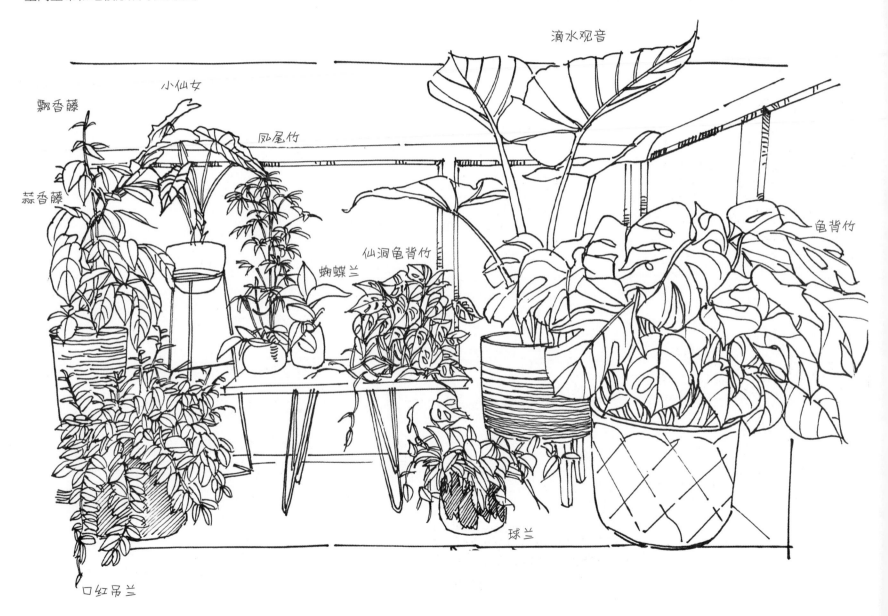

滴水观音

小仙女

飘香藤

凤尾竹

蒜香藤

龟背竹

仙洞龟背竹

蝴蝶兰

球兰

口红吊兰

蚂蚁景观工作室的写生效果。用竖高的大叶喜林芋来软化墙角的空间，前面的办公桌是一个实木色的书桌，远处阳台上有一株盆栽琴叶榕，在这边右侧的大叶子植物商品名"热带雨林"，据我考证应该是热带植物"花烛"。

思考与练习：植物与室内软装之间的关系（范本）

用平行尺简单勾勒出空间的进深和透视关系，这些线都是后期添加植物和家具的参考线，而其中的植物要用相对自由的曲线来规划位置。

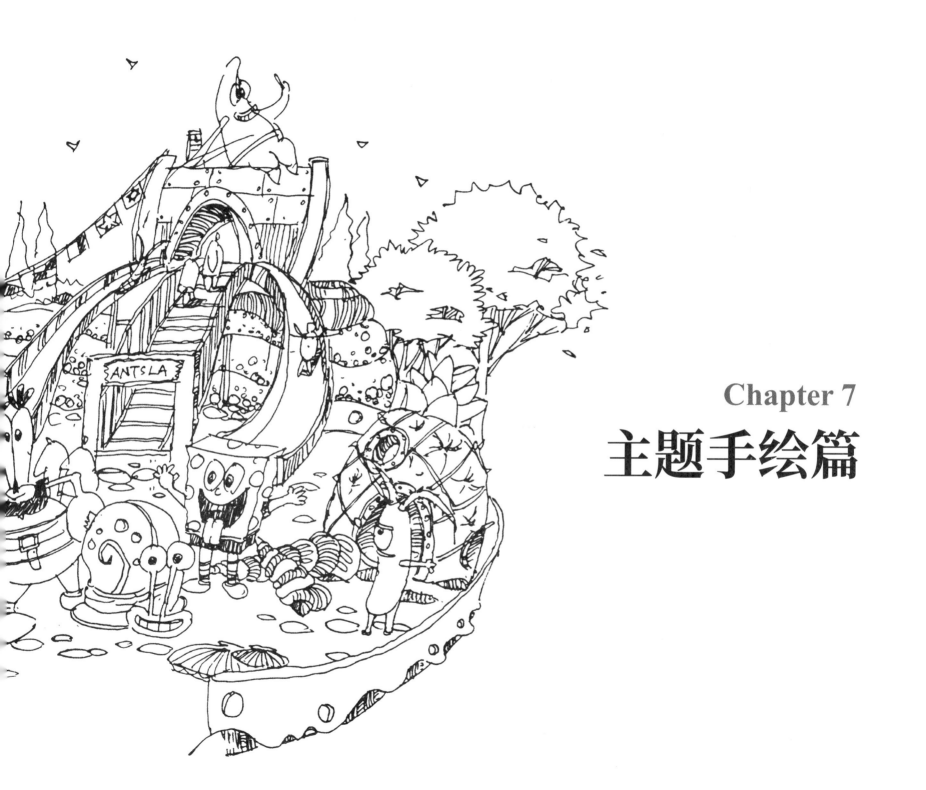

Chapter 7

主题手绘篇

每一张手绘都有一个主题，同样的石头河道，左边的显然更加东方，而右边的更有热带的感觉。

南方河道景观

北方河道景观

一张主题性明确的手绘不是一蹴而就的，通常我会在纸上画很多的小稿，用几分钟时间试图用最简单的线条还原脑海中理想的主题场景。这是一个非常好的积累素材和构图的方式。

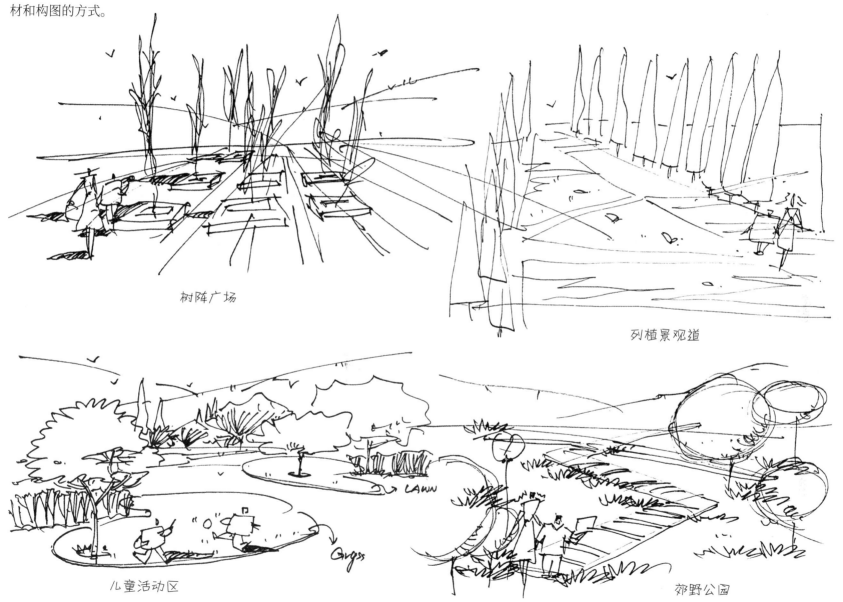

树阵广场

列植景观道

儿童活动区

郊野公园

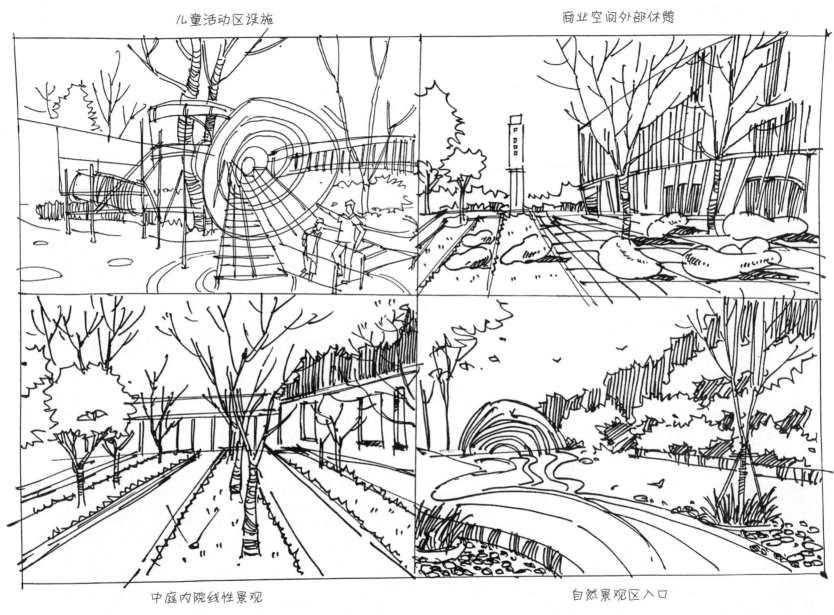

儿童活动区设施

商业空间外部休憩

中庭内院线性景观

自然景观区入口

有时我会找一些著名的项目照片来临摹，主要学习构图和景观的表达方式，以及植物在设计中的作用。

热带场景表现

东南亚景观表现山野景观，岩石的线条尽可能地使用硬朗的线条。在描绘这种场景时要让一张纸的空间通过道路的透视无限延伸。植物两边的掩映和夹持也能起到强调和引导视线的作用。

一方规则式的热带睡莲池，高差的变换和周边的热带植物营造出小空间的一种气场。在绘制前应先用平行尺绘制地平线和场所边界的透视线作为参考基准。这样的步骤适合新手，可以控制画面比例。

榕树作为热带植物中出现频率最高的树种，也俗称"独木便可以成林"。图为榕树为了适应高温高湿的环境，在枝干上生出了很多气生根，这些气生根垂到地面上就长成了一根树干，描绘时要去挑选造型奇特的几支你比较感兴趣的进行绘制，要删减和高度概括。

每个植物园内部有人工造景的部分，景观设计的精髓是要营造竖向空间。这幅场景也分为三个层次，最前面一层是前景植物和最左侧的两株椰子树。透过这些植被可以看出这是一个三角形顶棚的温室，其中有左右两座流水假山。

这个场景在绘制时应当用透视线先画基础的凹凸墙体石块，注重近大远小、近实远虚的效果，然后再添加墙头顶上的热带植物。植物要分组去添加，注重向心性的控制。

另一个角度去描绘同一个场景。前景是光棍树，在刻画时要注意尽可能多地强调前景物体，在这幅画中就是右侧的石块，用侧锋笔触进行线条的排笔，使层层叠叠的石头更加具有光影变幻和立体感。

热带丛林的繁茂通过线条和众多形态各异的植物来表现。很多植物是人类生存必不可少的补给，比如，非洲人以面包树的面包果为生。这幅图是热带植物区不同生态群落的效果图，这些层叠的台阶让空间富于更多变化。

自然场景表现

　　建筑与自然场景的融入，好的人居环境更离不开对于自然本底的依赖。这幅画用大量纵横线条分割出建筑环境的空间，使建筑和自然天人合一。

对于自然场景来说，台阶和巨石的描绘是必不可少的景观元素，要处理好之间的对比和统一，需要多多用心观察。台阶是人工化的产物，上面的纹理比较规则，只是随着视角而变换透视感。石滩的阴影肌理表现就要更加自然随意。

室内景观表现

室内动物园景观场景一隅，要用大量的石块堆叠地形。枯木和蕨类穿插形成高郁闭度，左侧的莎草，下方是各种蕨类植物的舞台。

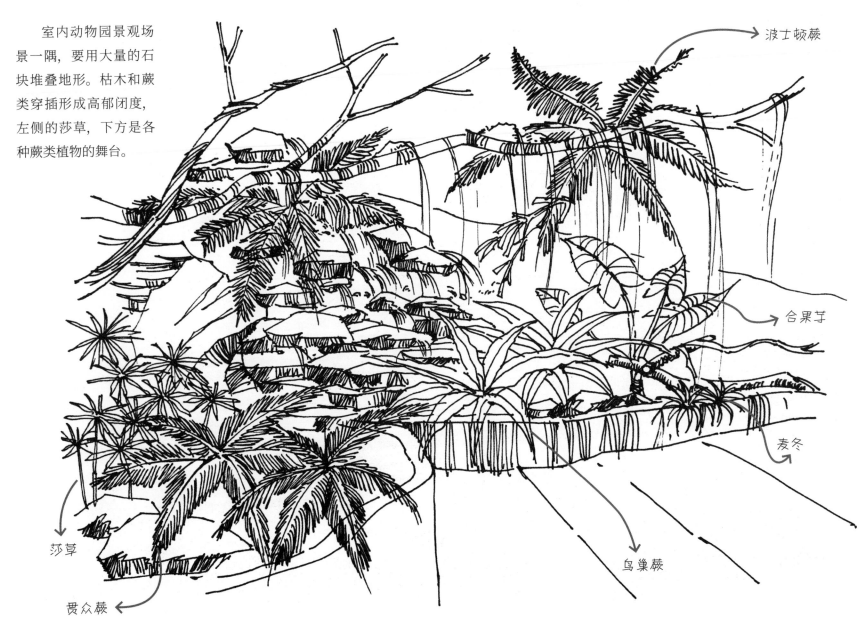

波士顿蕨

合果芋

麦冬

鸟巢蕨

莎草

贯众蕨

水生热带植物注重层
次，近景着重刻画叶片，远
景注重整体感。

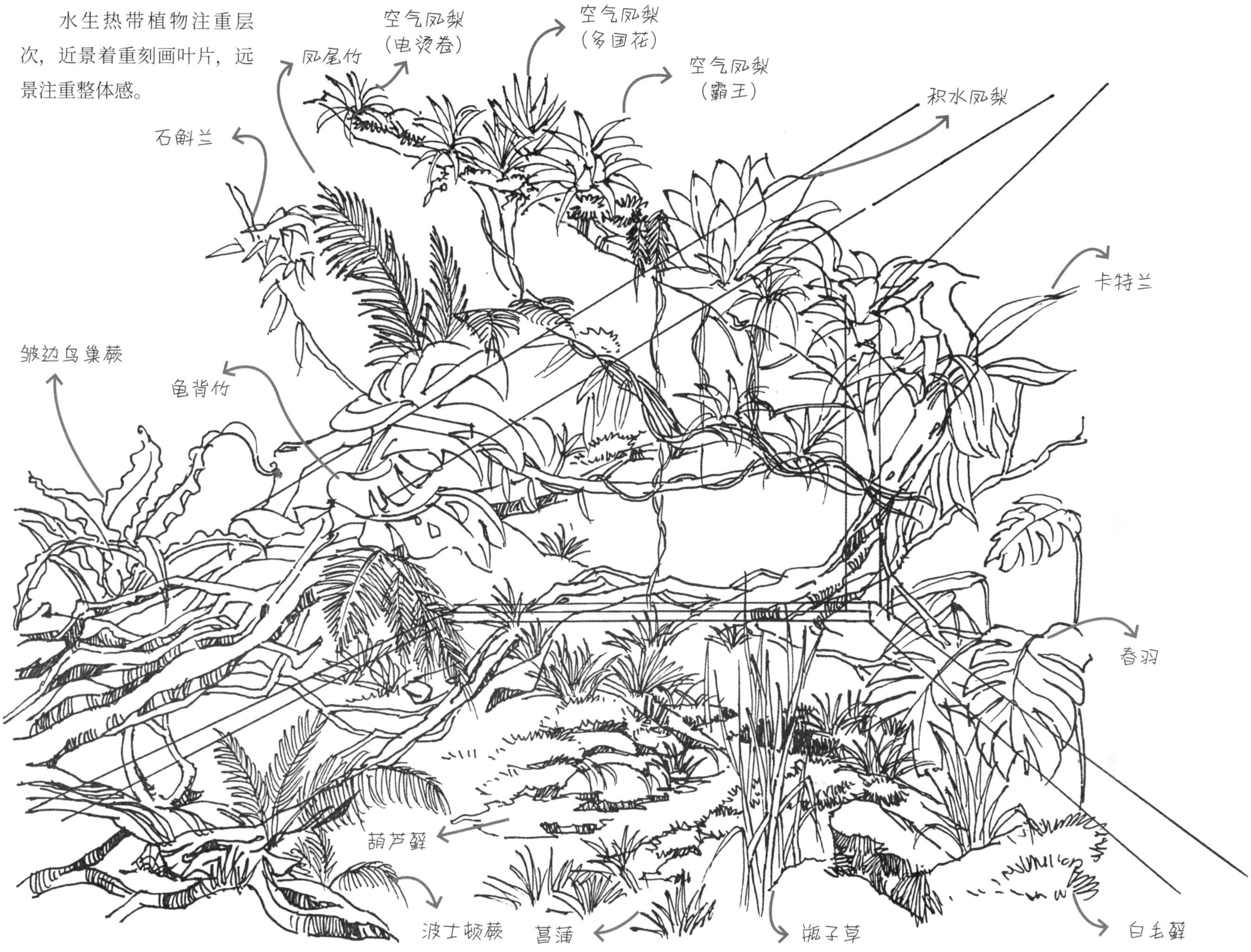

风尾竹

空气凤梨
（电烫卷）

空气凤梨
（多国花）

空气凤梨
（霸王）

积水凤梨

石斛兰

卡特兰

皱边鸟巢蕨

龟背竹

春羽

葫芦藓

波士顿蕨　菖蒲

瓶子草

白毛藓

室内动物园类型中的天鹅湖景观，周围是用人工置石做的假山。假山的造型半围合，上面用黏土和泥浆种植大量景观植物，并运用枯藤沉木种植大叶的积水凤梨等雨林植物。在前景用几根原木搭建通道提供给饲养者。

单独将天鹅湖的场景呈现表现出来，在绘制置石时要统一设计光源的方向，将所有的假山分组成坨考虑，右上便是光源方向。因此，暗面就是每块石头的左侧方向，然后再去观察刻画不同层次和肌理质感的石块。

室内动物园的通道景观表现，复层结构的近自然营造，能加强对于各种栖息生物的容纳能力。

售楼部景观表现

售楼部的水景要体现简洁大气的效果，水池中的置石要达到一池三山的境界。

沙生植物主题场景

Conceptual Rendering
FRY'S FAMILY GARDEN.
Tucson Botanical Gardens   3. Aug. 2019 WBY.
ANTSLA DESIGN STUDIOS

 沙生植物主题以美国郊野自然保护地为蓝本，加入大量卡通形象和蜥蜴
人物的描绘使景观表现达到统一的效果。

卡通主题表现

　　卡通主题的表现让景观具有更加清晰的功能性和参与感。不如让自己的兴趣爱好来推动手绘这种表现方式，这样会更有动力。

旧工业遗址改造提升是现代景观城市化或哈佛大学提出的景观都市化的新命题。在功能和形式上发掘地块本来所具有的遗址和历史文脉，将文化通过景观小品进行表达。

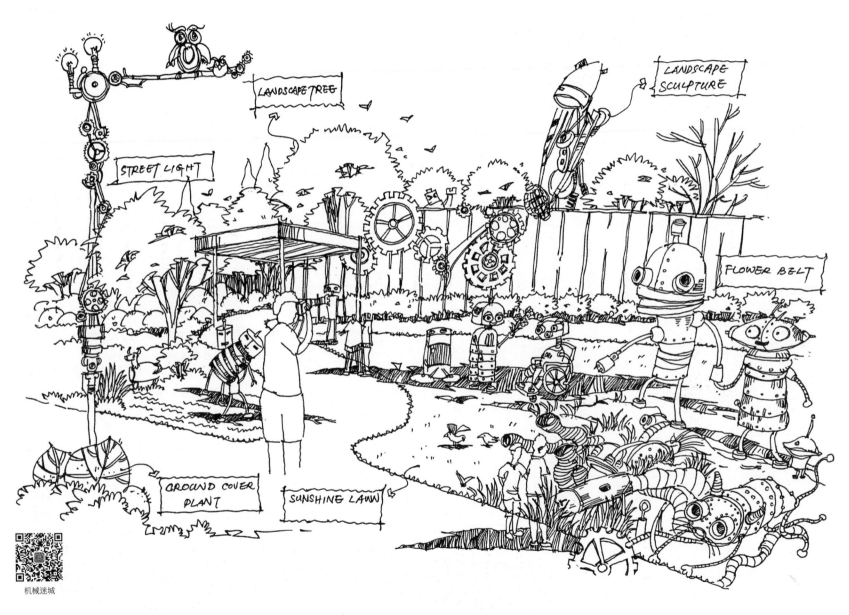

机械迷城

从小就看过巴巴爸爸这部很有趣的动画片。这个场景将植物造景和卡通人物的活动相互融合，发挥自由的想象力，赋予空间更多的功能和更多可能。

巴巴爸爸场景

圆形的空间也具有非常强大的包容性，将一个个卡通形象融合在一起，周围的环境用以烘托主题。

小花园主题表现

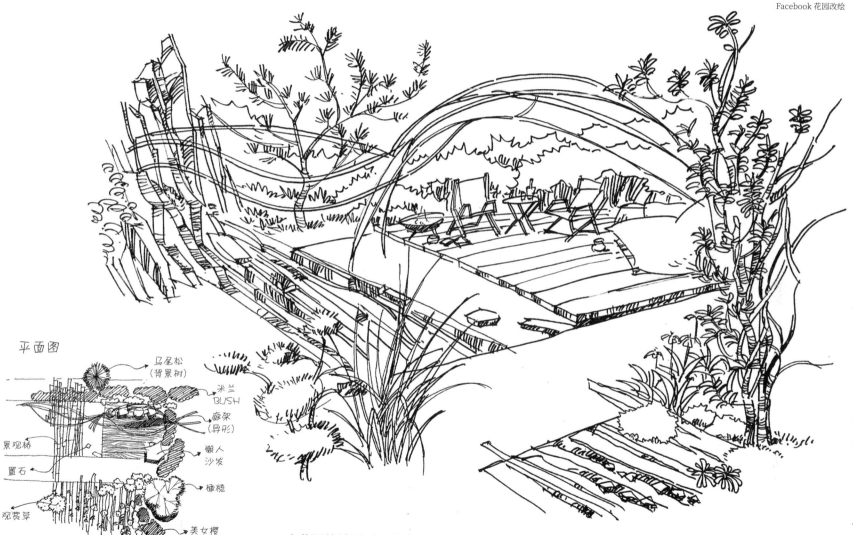

平面图

马尾松
(背景树)

米兰
BUSH

廊架
(异形)

懒人
沙发

橄榄

美女樱

过路黄

景观桥

置石

观赏草

小花园的效果可以结合具有说明的平面图进行设计和绘制,即使尺度再小也要考虑到将每一寸土地本应该有的特质从而尽可能大地发挥出来。

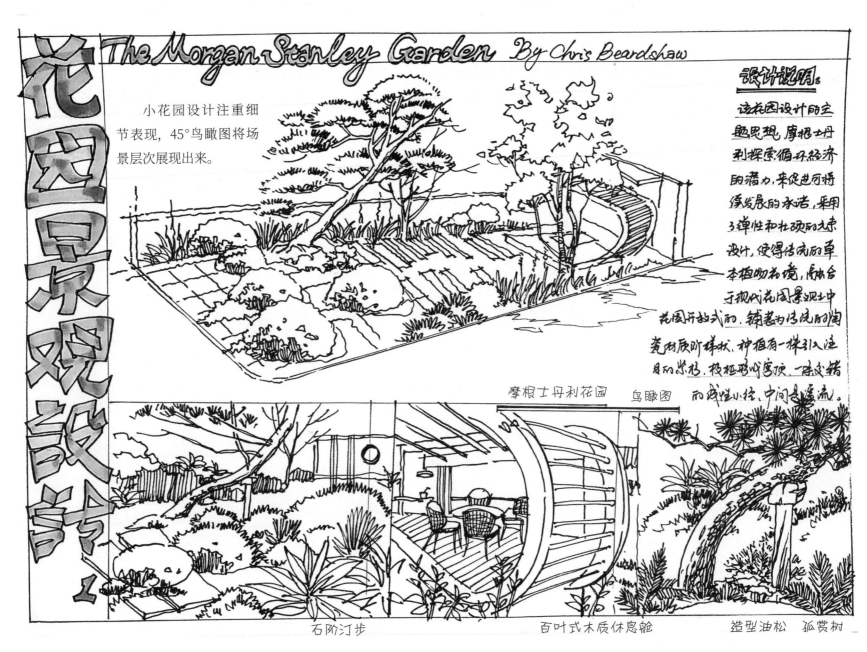

The Morgan Stanley Garden By Chris Beardshaw

小花园设计注重细节表现，45°鸟瞰图将场景层次展现出来。

设计说明：

这花园设计的主题思想，摩根士丹利探索循环经济的潜力，来促进可持续发展的承诺，采用了弹性和坚硬的元素设计，使得传统简单本植物花境，融合于现代花园景观土中。花园开放式的，铺装为传统陶瓷材质的样式，种植有一株引人注目的紫杉，枝杈形成穹顶，一床或铺而成性小径，中间总溪流。

摩根士丹利花园　　鸟瞰图

石阶汀步　　　　　百叶式木质休息舱　　造型油松　孤赏树

每一处小花园都体现了园主人的心境，它所要表达的无非是当地特有的景色，有时还有当地的气候所造就的地形和地貌。

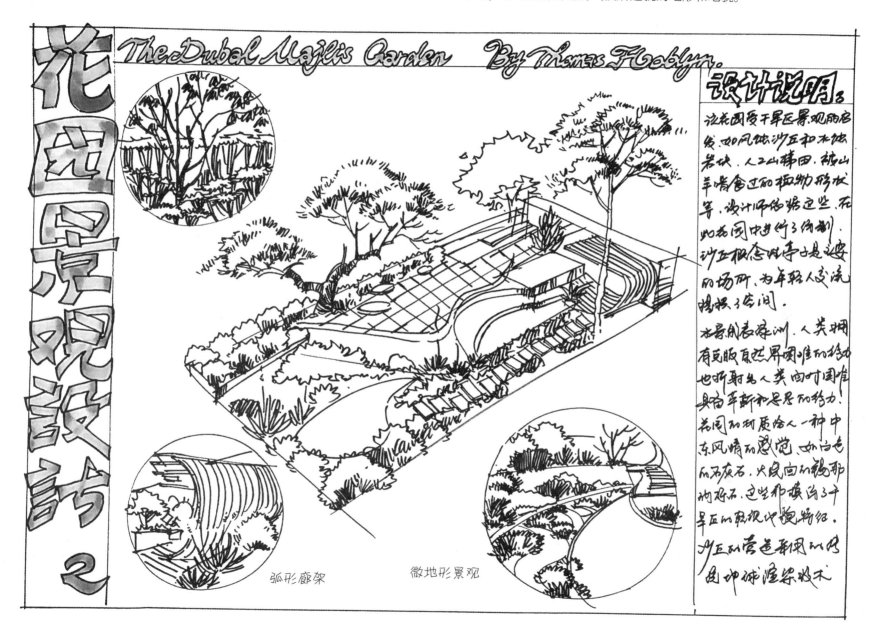

The Dubai Majlis Garden   By Thomas Hoblyn.

设计说明:

该花园受干旱区景观的启发，如风蚀沙丘和本地岩状、人工山梯田、被山羊啃食过的植物形状等，设计师依据这些，在如花园中进行了绘制。沙丘概念代表了迁移的场所，为年轻人交流提供了空间。

水景则表绿洲，人类拥有克服自然界阻碍而移也折射给人类向时间维具的革新和�的动力。花园如材质给人一种中东风情的感觉，如白色的灰石、大良向的棕榈和植物怪石，这些都被用于干旱区的最现出观素组。

少正的营造来围以内且坤诚通染收木

弧形廊架

微地形景观

这座花园是 2019 年英国切尔西花展上的金奖作品。内部景观体现本地特色，比如红色沙岩的断层体现的是澳洲景观特征，还有大量的火烧木的营造。园内种植了丰富多样的植物种类，水边种植木贼植物，石台阶边种植过路黄等地被植物。

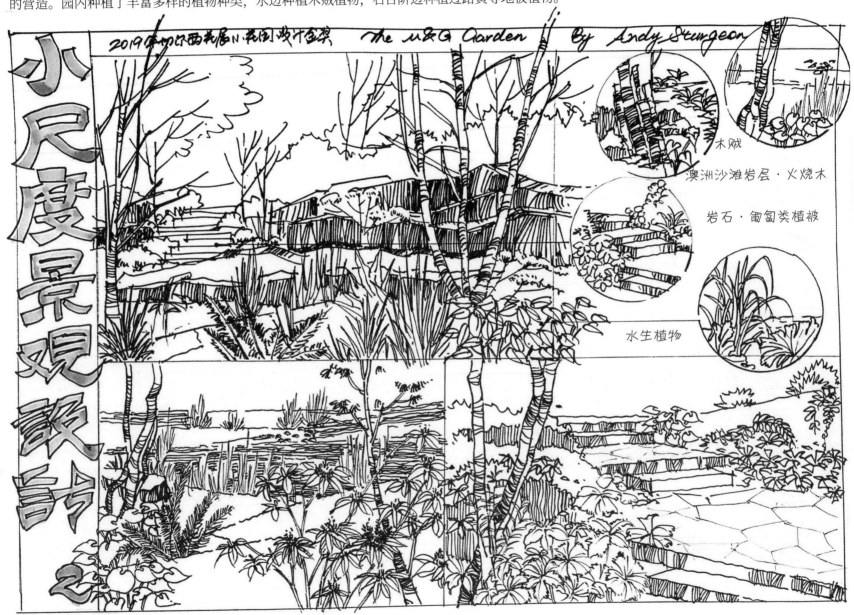

2019年切尔西花展N.花园设计金奖   The M&G Garden   By Andy Sturgeon

木贼

澳洲沙滩岩层·火烧木

岩石·匍匐类植被

水生植物

园子里面设置了很多多功能的艺术品和装置，左侧的桦木是整个园子前景的主角。在画面的三分之二处还设置了一个类似"花生形"的金属座椅。背后是高大的树篱，这样围合空间的设计提供更多花园的私密性。

景区内的林下休憩空间，是所有景点手绘中最能够凸显设计主题的场景。林下空间中的树一定要具有仰视一点的效果，树干姿态应当足够舒展，树下应有木质座椅或者平台作为可以提供休憩的区域。

优秀学生作品

　　这幅场景是一个有主题的古典欧式景观小品，周围的陈设品和各种形式的防腐木景观小品，垂直摆放的木桶状花钵组合成高低错落的植物景观层次。

典型的意大利台地式园中的跌水水景。在描绘此类场景时可以选择性地忽略掉周围的有干扰的景物，着力描绘中部跌水层层级级的感觉。雕像一般位于水景中部，后部是杉柏形成一道天然屏障。

乡村田园式的民俗类型，前景挂角树是枇杷树以及左侧的小叶白蜡，中部稍偏右是台阶，台阶两旁是花镜。

一派英伦田园风光，很多人想在自己窗前屋后种一点点经济植物。

2019 汉普顿
花园节

城市授粉者花园——凯特琳·麦克劳林
(The Urban Pollinator Garden——Caitlin McLaughlin)

　　这个展园花园体现了设计、功能相融合和野生动物友好的价值观。它将整个植物的生长过程用景观的形式表现了出来，表现于植物的授粉，特别是对于蜜蜂的收集、采纳、筑巢、酿蜜的场所的表现。花园想为主人提供一个放松和与大自然相连结的重要途径。

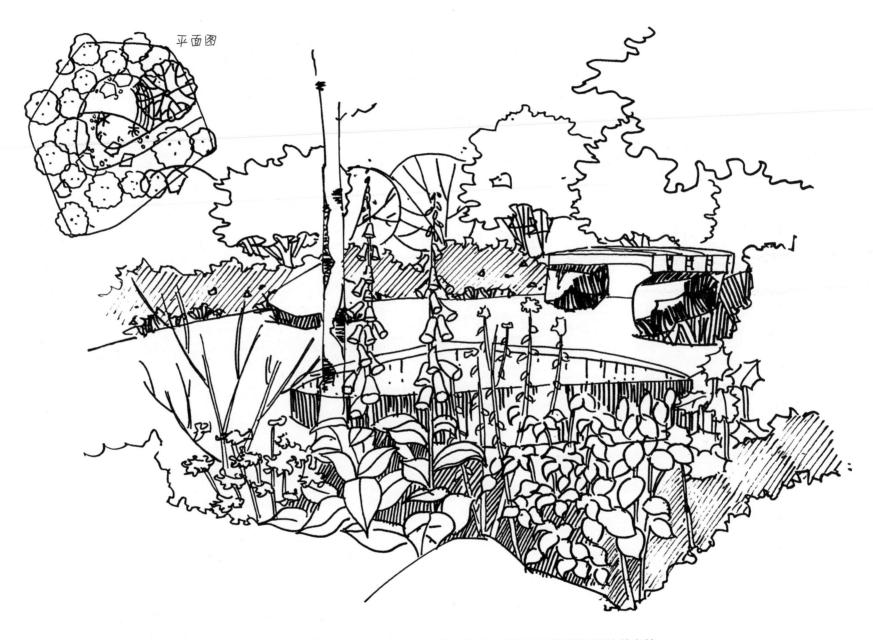

平面图

在有地形的花园中这个花园并没有明显高差变化，在原毛石基础上搭设防腐木板给入园游客提供休憩座椅。

平面图

2018 英国切尔西花展——设计师展园
大卫·哈伯和赛维尔花园（The David Harber & Savills Garden）

　　这个花园是描述了一场戏剧性的转变之旅，其目的是激发人们随着时间推移反思人类与环境的相互作用。游客将看到一个分层的花园，种植和雕塑分开以反映每个演变时期。一开始，种植和艺术是自由的和自然的，但随着人类的发展，随后的层次变得正式可控。

用园林景观中最常用的透景和框景的手法，去设计一道道拱形的门，其中镶嵌能够透射光和发光的材料，使原来很小的花园显得非常深邃。造景就是通过硬质小品和雕塑的视觉来无限放大景观空间的哲学内涵。

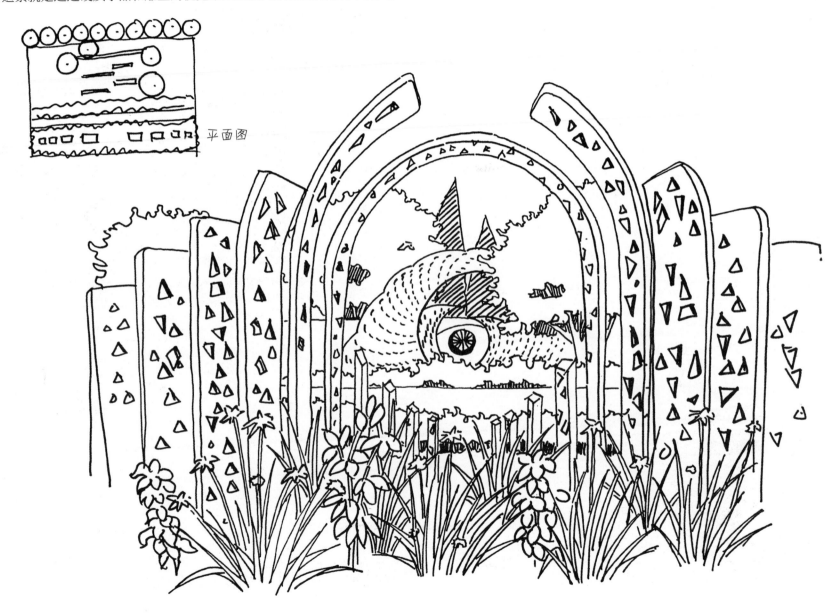

平面图

看似普通的景观石拱桥，如何搭配周围的植物让桥显得很雄伟。左侧是一片荷塘景观的描绘，交织的荷叶层层叠叠，右侧是很多棕榈科植物的密林，将桥的出口掩映其中，主要是线条的疏密变化。

水岸边的防腐木栈道休闲场景，在湿地生态系统中这样的空间非常常见。道路两侧都是较高的芦苇丛和很多的香蒲草，远处将地平线抬高，用简单的"n"字线或"M"线绘制远景对岸的植物剪影效果。

在处理画面时，如有很精细的建筑物的时候，要将周围的植物概括得简洁凝练、重点突出。所以，每一个艺术作品都要控制画面的比重和主次之分。

这是一个乡村风光的月光夜景的效果。最大极限地压低地平线，目的只有一个，就是要最大限度地展现月光下穿透云层的美丽色彩。这里的植物多数是乡野的野牛草和黑麦草。建筑也要画得比较低，统一整体美。

树洞里大有乾坤，生活在这里的小精灵各自都身怀绝技。在绘制时要简单地处理好前景中卡通形象和绿叶的相互遮挡和穿插关系，能使得画面更加生动有趣。

利用不同卡通形象所处的位置不同来表现整体景观的层次感，之字形的道路能使前中后的植物在描绘时尽可能地采用不同的表现方式。

海滩景观效果图表现，具有强烈的场所感。这是巴西景观设计师布雷·马克思为里约热内卢海滨设计的景观道，遵循自然模仿海浪的造型来进行设计。

思考与练习：如何绘制带有水景雕塑景观的效果图（范本）

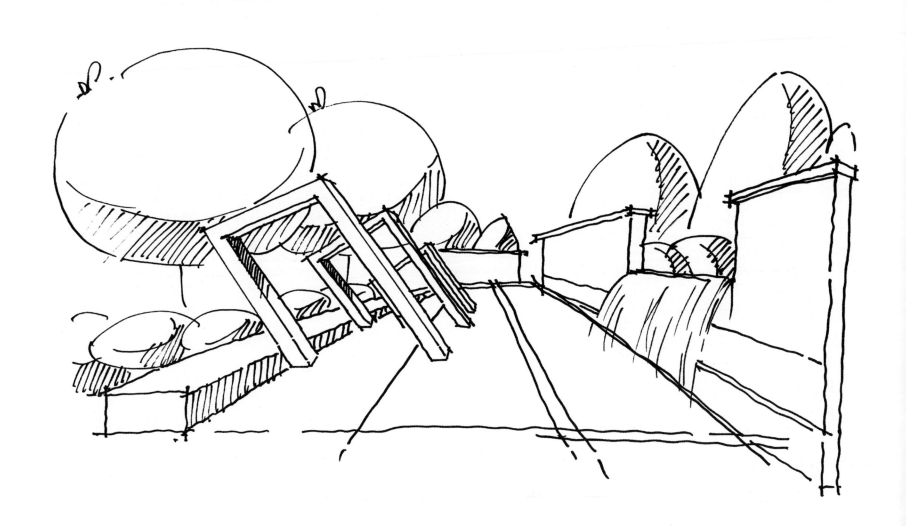

附录 APPENDIX

植物拉丁文名、科属名

中文名	拉丁名	科属名	页码	中文名	拉丁名	科属名	页码
草地早熟禾	*Poa annua*	禾本科早熟禾属	—	芦荟	*Aloe vera*	阿福花亚科芦荟属	123
匍茎剪股颖	*Agrostis stolonifera*	禾本科剪股颖属	—	椰子	*Cocos nucifera*	槟榔亚科椰子属	115
地毯草	*Axonopus compressus*	禾本科地毯草属	—	芭蕉	*Musa basjoo*	芭蕉科芭蕉属	119, 120, 126
钝叶草	*Stenotaphrumhelferi*	禾本科钝叶草属	—	国王椰子	*Ravenea rivularis*	棕榈科国王椰子属	127
野牛草	*Buchloe dactyloides*	禾本科野牛草属	—	假槟榔	*Archontophoenix alexandrae*	槟榔亚科槟榔属	126
黑麦草	*Lolium perenne*	禾本科黑麦草属	—	棕竹	*Rhapis excelsa*	棕榈科棕竹属	127
天堂草	*Cynodon dactylon*	禾本科天堂草属	45	棕榈	*Trachycarpus fortunei*	棕榈科棕榈属	31, 56, 62
马尼拉草	*Zoysia matrella*	禾本科结缕草属	45	桫椤	*Alsophila spinulosa*	桫椤科桫椤属	116, 128
马蹄金草	*Dichondra repens*	旋花科马蹄金属	45	霸王芋	*Alocasia cucullata*	天南星科海芋属	117
柳树	*Salix*	杨柳科柳属	20, 21, 22, 23, 24	罗汉竹	*Phyllostachys pubescens*	禾本科簕竹属	126
鹤望兰	*Strelitzia reginae*	旅人蕉科鹤望兰属	125	旅人蕉	*Ravenala madagascariensis*	旅人蕉科旅人蕉属	125, 126, 130
量天尺	*Hylocereus undatus*	仙人掌科量天尺属	144	苏铁	*Cycas revoluta*	苏铁科苏铁属	126
仙人掌	*Opuntia stricta*	仙人掌科仙人掌属	121, 122, 133, 135, 143, 144	罗汉松	*Podocarpus macrophyllus*	罗汉松科罗汉松属	126

中文名	拉丁名	科属名	页码	中文名	拉丁名	科属名	页码
蒲葵	*Archontophoenix alexandrae*	棕科蒲葵属	124, 126, 127	龟背竹	*Monstera deliciosa*	天南星科龟背竹属	71, 140, 147, 148
鸡蛋花	*Plumeria rubra*	夹竹桃科鸡蛋花属	126, 130	竹	*Bambusoideae*	禾本科竹属	18, 19
香蒲	*Typha orientalis*	香蒲科香蒲属	82	琴叶榕	*Ficus pandurata*	菠萝蜜亚科榕属	138, 141
鸢尾	*Iris tectorum*	鸢尾科鸢尾属	84, 85	王莲	*Victoria Warren*	睡莲科王莲属	92
睡莲	*Nymphaea*	睡莲科睡莲属	90, 91	虎尾兰	*Sansevieria trifasciata*	龙舌兰科虎尾兰属	142, 146
荷花	*Nelumbo*	莲科莲属	86, 87, 88, 89	冷杉	*Abies fabri*	冷杉亚科冷杉属	31
芦苇	*Phragmites communis*	禾本科芦苇属	83	翠竹	*Sasa pygmaea*	竹亚科赤竹亚属	31
秋海棠	*Begonia grandis*	秋海棠科秋海棠属	118	苦楝	*Melia azedarach*	楝亚科楝属	31
花叶芦竹	*Arundo donax var. versicolor*	禾本科芦竹属	86	帚桃	*Amygdalus persica*	蔷薇科桃属	31
花叶水葱	*Scirpus validus f. masaic*	莎草科藨草属	86	七叶树	*Aesculus chinensis*	七叶树科七叶树属	31
绿萝	*Epipremnum aureum*	天南星科麒麟叶属	101, 102	墨竹	*Phyllostachys nigra*	竹亚科刚竹属	31
凌霄	*Campsis grandiflora*	紫葳科凌霄属	104	石楠	*Photinia serratifolia*	苹果亚科石楠属	34
紫藤	*Wisteria sinensis*	豆科紫藤属	103, 106	构骨	*Ilex cornuta*	冬青科冬青属	34
喜林芋	*Philodendron*	天南星科喜林芋属	106	黄杨	*Buxus sinica*	黄杨科黄杨属	34
白掌	*Spathiphyllum kochii*	天南星科苞叶芋属	139, 145	海桐	*Pittosporum tobira*	海桐科海桐花属	34

中文名	拉丁名	科属名	页码	中文名	拉丁名	科属名	页码
棣棠	*Kerria japonica*	蔷薇科棣棠花属	34	万年青	*Rohdea japonica*	百合科万年青属	48
翠柏	*Calocedrus macrolepis*	柏科翠柏属	34	水菖蒲	*Acorus calamus*	天南星科菖蒲属	48，56
连翘	*Forsythia suspensa*	木犀科连翘属	34	散尾葵	*Chrysalidocarpus lutescens*	棕榈科散尾葵属	48
小叶女贞	*Ligustrum quihoui*	木犀科女贞属	34	纸莎草	*Cyperus papyrus*	莎草科莎草属	48
丁香	*Syringa oblata*	木犀科丁香属	34	幸运竹	*Dracaena sanderiana*	天门冬科龙血树属	145
金叶接骨木	*Sambucus racemosa*	忍冬科接骨木属	34	一叶兰	*Aspidistra Elatior Blume*	百合科蜘蛛抱蛋属	145
圆柏	*Sabina chinensis*	柏科圆柏属	34, 65	常春藤	*Hedera nepalensis*	五加科常春藤属	105, 145
红瑞木	*Swida alba*	山茱萸科梾木属	34	蝴蝶兰	*Phalaenopsis aphrodite*	兰科蝴蝶兰属	109, 150
花烛	*Anthurium andraeanum*	天南星科花烛属	48	黄金葛	*Epipremnum aureum*	天南星科麒麟叶属	149
鸟巢蕨	*Asplenium nidus*	铁角蕨科巢蕨属	48	吊兰	*Chlorophytum comosum*	百合科吊兰属	145
凤尾竹	*Bambusa multiplex*	禾本科簕竹属	48				

二维码索引 QR CODE INDEX

纸笔介绍 XIII

树的基本结构 005

基本树形绕线 006

树木绕线的进阶画法 010

树干终极画法 013

复杂树的画法 015

柳树画法 021

树形的概括提取 026

八种常用树形画法 031

近景草的画法 047

近景植物画法 048

置石基本画法 050

置石植物组团 054

龙猫主题手绘 066

鸢尾画法 085

荷叶画法 087

睡莲画法 090

绿萝画法 101

藤蔓植物画法总结 103

凌霄画法 104

椰子画法 114

仙人掌画法 143

室内网红植物 145

龟背竹画法 147

机械迷城 174

巴巴爸爸场景 175

Facebook 花园改绘 177

后记 EPILOGUE

　　首先感谢清华大学出版社给我这次机会，感谢本书责编，还有一直认真负责的施佳明编辑，在全球遭受如此大新冠疫情的情况下，依然义无反顾地通过线上渠道及时交流沟通。另外还感谢在疫情期间默默鼓励支持我们的老师和一群群可爱的同学们，这让我浮躁的心情可以得到一丝丝欣慰，正是有你们的关注和反馈，才使得我们的目标更加清晰准确。无以为报，只能带着你们的期望潜心钻研，将更加简单易学的景观植物手绘技法分享给大家。在这里着重要感谢西北农林科技大学，也就是我的母校风景园林艺术学院的曹宁老师，能在百忙之中，抽出时间认真翻阅我的书稿，亲自为我们撰写序言；这是对我们无形的精神上的支持与肯定！同时，还有一直为图书编撰尽心尽力的小蚂哥李明洁老师，每一页的反复订正与校对，还在短时间内快速完成图书配套视频的网盘上传工作；再次，要感谢延安大学西安创新学院的王嘉璐同学为本书提供很多作品，还有西安西京学院的贾敬平同学为我们提供的无私帮助！最后，我们仅将此书献给热爱手绘和植物软景设计的朋友们，希望能在学习景观植物造景的道路上对大家有所帮助，也希望广大读者朋友能给我们多多反馈宝贵意见。我们后续会持续通过网络，在线上为大家免费提供更加优质的植物景观手绘视频教程，为有兴趣的朋友在零基础学习手绘的道路上扫清一切障碍，指引一个快速有效的正确方向。愿大家享受手绘过程所带来的精神喜悦，最终感悟出生活中的真谛！

王洋

农历庚子年四月十九日

于西安蚂蚁景观设计工作室

图书在版编目（CIP）数据

小蚁君植物景观手绘教程 / 王洋，李明洁著. — 北京：清华大学出版社，2020.7
ISBN 978-7-302-54682-5

Ⅰ.①小…　Ⅱ.①王…②李…　Ⅲ.①景观设计—绘画技法—教材　Ⅳ.①TU986.2

中国版本图书馆CIP数据核字（2019）第294833号

责任编辑：张占奎
封面设计：李明洁　欣怡文化
责任校对：王淑云
责任印制：沈　露

出版发行：清华大学出版社
　　　　　　网　　址：http://www.tup.com.cn, http://www.wqbook.com
　　　　　　地　　址：北京清华大学学研大厦A座　　**邮　　编**：100084
　　　　　　社 总 机：010-62770175　　　　　　　**邮　　购**：010-62786544
　　　　　　投稿与读者服务：010-62776969, c-service@tup.tsinghua.edu.cn
　　　　　　质量反馈：010-62772015, zhiliang@tup.tsinghua.edu.cn
印 装 者：三河市金元印装有限公司
经　　销：全国新华书店
开　　本：265mm×210mm　　**印　　张**：13.75　　**字　　数**：360千字
版　　次：2020年7月第1版　　　　　　　　　**印　　次**：2020年7月第1次印刷
定　　价：66.00元

产品编号：085853-01